山本 弘
hiroshi yamamoto

14歳からのリスク学

楽工社

プロローグ
ロボットが人の安全を守るには……007
ロボット工学三原則の難点／「正しくこわがれ」の原典／幽霊はいなくても幽霊はこわい／間違ったこわがり方をやめよう

第1章　1966年の大虐殺
──迷信・宗教を信じるリスク……021
グラフの奇妙な裂け目／中絶はどれぐらいあったのか？／科学の時代によみがえった迷信／危険で無意味な風習「女性器切除」／金曜日に冷蔵庫が開けられない／『四谷怪談』は真実か？／神社にお参りするのは合理的／初詣と霊感商法はどう違う？／「パスカルの賭け」の間違い／「神を信じること」の大きすぎる代償／「神を信じない」ことのリスクは？／無神論者が神に賭けない理由／それでも宗教が存続すべき理由

第2章　こんにゃく入りカップゼリーの不名誉
──新しいものを警戒する心理……043
こんにゃく入りゼリーへの攻撃／8000万人に1人が死ぬから法規制？／餅の方がはるかに危険だった！／水増しされた窒息率／「重症率85％」のからくり／すでに安全対策はされていた／1年に600人が餅で亡くなっている！／それでも餅が規制されない理由

第3章　韓国産ラーメンを食べるとがんになる？
──こわい名前の化学物質、その正体は………061

この危険物質は何？／見出しだけしか読まない人たち／「一級発がん物質」って何だ？／日常的に摂取している量だった／日本のかつお節は韓国では基準値違反!?／ジハイドロジェンモノオキサイドの恐怖／大さじ2杯の塩で死ぬ

第4章　中国産食品、買ってはいけない？
──危険を大げさに煽る人々………077

『買ってはいけない』ふたたび／とても摂取できない量／酒の危険はどうでもいい？／みんな忘れっぽい？／恐怖を煽る週刊誌／中国産食品、実は安全！／利潤追求のために安全を重視する／中国食品を追放するとかえって危険？／毒入り餃子事件の衝撃／野菜の浅漬けの危険性

第5章　暴走"ロリ男"は増えてない
──アニメやゲームに対する偏見………101

前代未聞のマヌケな誘拐事件／今や男が女児向けアニメを観る時代／繰り返される（偏向）報道／暴走"ロリ男"はなぜ増える？／幼女の被害が最も多かった時代は？／加害者も減っている／殺人事件も減っている／日本はとびきり安全な国／「非実在青少年」規制は何が問題か？／それでも規制しようとする人たち／コミックス規制大国・アメリカの歴史／誰を何から守りたいのか？

第6章　1000年に一度の大災害
――「めったに起きない」という錯覚……127

「防波堤は壊してはどうか」／「想定外」なんかではなかった／「1000年に一度」は宝くじの5等と同じ／原発は必ず大災害に見舞われる／地球に激変をもたらす小惑星／直径140mの小惑星が落ちてきたら／小さな小惑星の方が恐ろしい／スーパーフレアの脅威／確率は400年に1回？

第7章　福島の野菜をじゃんじゃん食べよう！
――小さすぎるリスクを恐れる必要はない……145

「山本弘は御用学者」？／ベクレルとシーベルトについておさらい／体内被曝が危険な理由／プルトニウムは飲んでも安全？／シーベルトを計算してみよう／基準値ぎりぎりの野菜を食べ続けたら？／カリウム40からの被曝量／カリウムは人間にとって必要な元素／人間は自然の状態でも被曝している／福島県のがんによる死者の数／野菜を食べてがんを予防しよう

第8章　原発はこわい？　こわくない？
――リスクの計算が困難であること……169

僕の反原発論／「信じられないほどバカなミス」が原発事故を招いた／なぜテロの可能性を心配しない？／20秒立っているだけで死ぬ／原発も地球温暖化も危険／原発の寿命も長くない／いかに犠牲者を少なくするか／確率が計算できないということ

エピローグ
あなたが戦うべき「見えない敵」……187

「シューマイの皮がない」と青ざめる母／本当に子供のことを考えてる？／牛乳を飲ませないことによるリスク／子供がグレたらどうするの？／喫煙の危険と比較する／知らないことが降って湧いた／喫煙してもいい場合──妻の選択

あとがき
リスクに対する正しい感覚を持とう……200

プロローグ
ロボットが人の安全を守るには

（時は2030年。アンドロイドの介護士「詩音」を開発したジオダイン社の技術者・鷹見が、詩音がどのように人間を守るのかを解説するシーン）

「たとえば、『これから外出するから、僕の安全を守れ』とロボットに命令したとしましょうか。ロボットは僕といっしょに歩きながら、常に周囲を観察して、危険がないか注意します。でも、『危険』とは何を指すんでしょう？　向こうから車が近づいてきます。その車がハンドルを切りそこねて突っこんでくる可能性があります。前方に石ころが落ちています。僕はそれにつまずいて怪我をするかもしれません。あるいは、向こうから近づいてきた通行人が実はテロリストで、爆弾を隠し持っていて、今まさに自爆しようとしているのかもしれません。通りがかった家がガス爆発を起こす可能性、大地震が起きる可能性、飛行機が落ちてくる可能性も、ゼロじゃありません。
　そうした可能性をすべて考慮しようとしたら、ロボットは何もできなくなります。自分の周囲のあらゆるものを認識し、それに関連するあらゆる情報を検索し、処理しようとして、コンピュータはハングしてしまい、結果的に『安全を守れ』という命令も実行できなくなります。これがフレーム問題と呼ばれるものです」
「でもそれは、起こる可能性が小さいことを無視すればいいことじゃないですか？」
「その通りです。ところが、ロボットにそれをやらせるのが難し

かった。『起こる可能性が小さい』と言っても、いちいち確率を計算するわけにいきませんしね。石につまずく確率なんて計算できないでしょう？　それに人間だって、リスクを無視すべきかどうかを、確率に応じて判断してるわけじゃないんですから。
　日常的な例を挙げますとですね、よく変質者に子供が殺される事件が起きるたびに、それを警戒する動きが起きますよね？　でも、子供が変質者に殺される確率より、交通事故で死ぬ確率の方がはるかに高いわけです。だったら交通安全の指導をもっと強化すべきなのに、変質者より車の方が危険だと考える人は、あまりいません。さらに、年間の交通事故の死者より家庭内の事故で死ぬ人の方が多いんですが、家の中が道路より危険だと思う人もいません。携帯電話の電磁波や、ごく微量の食品添加物の害を心配する人が、平気で酒を飲んでいる。アルコールの害の方がはるかに大きいのに。仏滅の日に結婚式を挙げる人も、あまりいませんよね。仏滅に結婚したところで何か悪いことが起きるわけじゃないのに、人はそのあるはずのないリスクを避けようとするんです。
　つまりですね、人間というのは実にいいかげんにリスクを判断してるんです。論理じゃなく気分で、確率やデータじゃなく主観で、このリスクは無視する、こっちは重視すると線引きをしている。フレーム問題を避けるためには、そうするしかないんです。いちいち確率なんか計算せず、自分にとって関心のないことは適当に無視する──その『適当』という概念をロボットに学ばせるのに、ずいぶん時間がかかりました」
　私はちょっと面食った。「ええと、それじゃあ、あなた方のロボットは……」
「詩音です」

「詩音は、適当に危険を無視するってことですか？」
「そういうことになりますね」
　一瞬、部屋がざわめいた。
「みなさんに理解していただきたいのは」
　鷹見(たかみ)さんはたじろいだ様子もなく、むしろ胸を張って堂々と訴(うった)えた。
「一〇〇パーセント安全なものなどこの世にない、ということです。もちろん、僕たち技術者は、安全性を可能な限り高めようと努力しています。でも、絶対に墜落(ついらく)しない飛行機なんて作れません。絶対に安全な薬も作れません。一〇〇パーセント安全、なんて概念(がいねん)は幻想です。どこかで妥協(だきょう)するしかないんです。ほんのわずかでも危険のある製品を排除していったら、僕たちの周囲にはほとんど何も残りません。原始時代に逆戻りです——無論(むろん)、原始時代の生活の方が、今よりずっと危険だったわけですけど。

　僕たちは、詩音が一〇〇パーセント安全だとは主張しません。九九・九九パーセントは安全だと確信していますが、万にひとつの事故が起きないとは断言できません。失礼ですが、みなさんだってそうじゃありませんか？　人間が介護(かいご)していても、思いがけない事故が起きる可能性は常にある。それと同じです。

　これは昔から知られていた問題です。人工知能の父であるアラン・チューリングは、一九四六年にこう言っています。『あるマシンが絶対にミスを犯さないとしたら、そのマシンは知的存在ではない』——知的存在だからこそ、ただのマシンにはできないことができて、結果的にミスも犯すということなんです。

　詩音(しおん)の有用性(ゆうようせい)——人間のあいまいな指示を理解し、緊急事態(きんきゅうじたい)にも対処する能力というのは、フレーム問題を回避(かいひ)する能力であ

り、それはある種のリスクを無視することと表裏一体なんです。決してリスクを犯さないアンドロイドは、動けないアンドロイドです。それは安全ではありますが、役には立ちません。詩音は役に立ちます。だからこそ、リスクを伴うんです」

——山本弘「詩音が来た日」より
（『アイの物語』〔角川書店〕所収）

プロローグ

ロボット工学三原則の難点

「第一条：ロボットは人間を傷つけてはならない。また、危険を看過することによって人間を傷つけてはならない」
「第二条：ロボットは人間の命令に従わねばならない。ただし、第一条に反する場合はこの限りではない」
「第三条：ロボットは第一条および第二条に反しない限り、自己を守らなくてはならない」

　これはアメリカのＳＦ作家アイザック・アシモフの作中に出てくる「ロボット工学三原則」です。アシモフの作品に登場するロボットは（一部の作品で例外もありますが）この三原則をプログラムされていて、人間を傷つけることはありません。日本でも小松左京氏の「ヴォミーサ」のように、三原則を題材にしたＳＦ作品が書かれています。
　とても安全で良い原則だと思いますか？
　しかし、この三原則をロボットに組みこむのは、現実にはとても難しいのです。
　たとえば三原則をプログラムされたロボットが、テレビのニュースを見ていて、大勢の人を殺した凶悪犯が死刑になると知ったらどうなるでしょうか？
　第一条からすると、ロボットは刑の執行を全力で阻止しなくてはなりません。第一条には「ただし死刑囚は除く」などという例外条項はないのですから。「そいつが死刑になることは裁判で決まったんだ」と説得しても無駄です。第一条は第二条に優先しま

すから、殺人を容認するような命令を、ロボットは受けつけません。

さらに問題なのは、「危険」「傷つける」という言葉の定義があいまいであることです。

逃げ遅れた人を救助するため、燃え盛る火の中に飛びこもうとしている消防士。これから戦場に出征する兵士。ロッククライミングに挑戦する登山家。高所での綱渡りをやろうとしているサーカス芸人……そうした人たちを見たら、ロボットはどう判断するのでしょう？　あるいは、失敗して患者を死なせてしまう可能性のある難しい手術を行なおうとしている外科医を見たら？

日常生活にも危険はいっぱいあります。入浴中に死亡する人や、階段から落ちて死ぬ人は大勢います。ロボットは人間が風呂に入ろうとしたり階段を上り下りしようとするたびに阻止するのでしょうか？　あるいは飲酒や喫煙はどうでしょう。ロボットは人間がタバコを吸ったり酒を飲んだりするのを妨害しようとするのでしょうか？

そうした小さい危険をロボットに無視させようとすると、今度は「小さい危険」の定義が問題になってきます。いったいどれぐらいの危険が「小さい危険」なのでしょうか？　それに、「詩音が来た日」の中で鷹見が言っているように、危険の大きさをいちいち計算していたら、ロボットは動けません。

他にも、「危険を看過することによって人間を傷つけてはならない」という部分は、大きな問題をはらんでいます。

ロバート・シェクリイの短編ＳＦ「監視鳥」（1953年）では、暴力犯罪を防止する目的で作られたロボット鳥が、大量に空に解き放たれます。ロボット鳥は人間の脳波から殺意を感知する能力が

あり、暴力行為が行なわれようとしたらただちに犯人を攻撃するようプログラムされています。これで暴力犯罪が撲滅されるかと思いきや、学習能力を持つロボット鳥は、暴力行為というものを拡大解釈し、人間が家畜を使役したり、外科医が患者の体にメスを入れる行為をも「暴力」と判断して、攻撃するようになるのです。

　ＳＦの世界ではこのように、人間を守るために作られたロボットが、かえって人間を苦しめてしまうという話がよくあります。ジャック・ウィリアムスンの『ヒューマノイド』（1948年）やエドマンド・クーパーの『アンドロイド』（1958年）に出てくるロボットたちは、人間を戦争や犯罪から守るためには人間を管理しなければならないと考え、人類を支配していきます。僕も『ヒューマノイド』に触発され、『去年はいい年になるだろう』（2010年）という話を書いています。未来から500万体のアンドロイドが襲来し、人類を救済しようとする話です。

　「暴力を阻止する」「人の安全を守る」というのは正しいことのように思えますが、それが暴走すると、かえって人間にとって害になることがあるのです。

　これはＳＦの中の話ではありません。多くの人が気づいていないだけで、現実の世界でも起きていることです。

「正しくこわがれ」の原典

　福島第一原発の事故が起きて以来、「正しくこわがれ」ということが言われるようになりました。

　この言葉の由来は、物理学者・寺田寅彦のエッセイ「小爆発二件」だと言われています。昭和10年8月4日、軽井沢に来ていた寺

田氏は、浅間山の噴火に遭遇します。この日の爆発はさほど大きなものではなく、寺田氏は７キロ離れた安全な場所から、いかにも科学者らしく冷静に噴火の様子を観察します。しかし反面、「万一火口の近くにでもいたら直径一メートルもあるようなまっかに焼けた石が落下して来て数分時間内に生命をうしなったことは確実であろう」とも書いています。

　十時過ぎの汽車で帰京しようとして沓掛駅で待ち合わせていたら、今浅間からおりて来たらしい学生をつかまえて駅員が爆発当時の模様を聞き取っていた。爆発当時その学生はもう小浅間のふもとまでおりていたからなんのことはなかったそうである。その時別に四人連れの登山者が登山道を上りかけていたが、爆発しても平気でのぼって行ったそうである。「なになんでもないですよ、大丈夫ですよ」と学生がさも請け合ったように言ったのに対して、駅員は急におごそかな表情をして、静かに首を左右にふりながら「いや、そうでないです、そうでないです。──いやどうもありがとう」と言いながら何か書き留めていた手帳をかくしに収めた。
　ものをこわがらな過ぎたり、こわがり過ぎたりするのはやさしいが、正当にこわがることはなかなかむつかしいことだと思われた。○○の○○○○に対するのでも△△の△△△△△に対するのでも、やはりそんな気がする。

▶青空文庫「小爆発二件」
http://www.aozora.jp/misc/cards/000042/files/shobakuhatsu_niken.pdf

　最後の伏せ字になった部分に本来は何と書いてあったのか、気

になるところです。昭和10年という世相からすると、当時の日本の政治情勢や世相について触れたために、当局の検閲を受けたのかもしれません。

　自分が無事だったから「なんでもないですよ」と軽く請け合う学生と、「いや、そうでないです」と心配する駅員——両者を対比して、寺田氏は「正当にこわがること」の難しさを感じています。火口から何キロも離れた安全な場所で過剰にこわがるのもおかしいのですが、噴火している火口に近づくなど危険きわまりないことです。

　「正当にこわがる」というのは、言い換えれば、「リスクの大きさに見合ったこわがり方をする」ということです。

　大きなリスクのあるものは強くこわがり、リスクの小さいものはあまりこわがらなくていい——当たり前のことですね。本当はそれがいちばんいいのです。

　ところが、その当たり前のことが難しいのです。

幽霊はいなくても幽霊はこわい

　僕の体験談をお話ししましょう。

　今から20年以上前、僕は角川スニーカー文庫で『妖魔夜行』というシリーズを書いていました。現代を舞台にした妖怪ものです。

　その中の『悪夢ふたたび……』という長編のクライマックスで、深夜の青山霊園を舞台にすることにしました。東京都港区南青山にある面積26万平方mもある広大な霊園です。

　深夜の青山霊園がどんな雰囲気なのか、執筆前に実際に訪れて確かめてみようと思いました。僕は関西在住ですが、仕事で東京

に泊まった時、夜中にホテルからタクシーを飛ばして青山霊園まで行ってみたのです。

　いや、想像していた以上のこわさでした。明かりがついているのは、霊園の中央を貫く道路のあたりだけで、道路から離れると本当に真っ暗なのです。敷地内には有名人の墓もたくさんあるらしいのですが、暗すぎて墓石の文字がまったく読めません。夜空に東京タワーがくっきりと浮かび上がって見えたのが印象的でした。

　しかし、何よりも恐ろしかったのは、明かりのともった公衆トイレに入ったときのことでした。明るいと安心できるかと思ったら、実は逆なんですね。真夜中、墓地の真ん中で、しんと静まりかえった無人の明るくて広いトイレに入るのは、ものすごく心細くて、恐ろしい体験でした。後ろから誰かに肩を叩かれるような気がして、何度も振り返ったものです。用を済ますと逃げるように飛び出しました。

　さて、僕は霊の存在を信じません。夜中に墓地に行っても、幽霊になど出会うはずがないと信じています。つまり危険性はゼロです。

　にもかかわらず、深夜の墓地はものすごくこわかったのです。

　この時に思い知ったのは、「恐怖」と「危険」は同じではない、ということでした。それどころか、正比例すらしていません。

　あなたも遊園地のお化け屋敷やジェットコースターで、こわい体験をしたことがあるでしょう。実際には、そうした施設は安全が保障されていて、けがをしたり死んだりする可能性はとても小さいものです。つまり、あなたが感じる恐怖の大きさは、危険の大きさとまったく比例していないのです。

その反対もあります。

東京都健康長寿医療センター研究所の高橋龍太郎医師のグループの研究によると、2012年の1年間で、入浴中に心肺停止状態となり、病院に救急搬送された65歳以上のお年寄りは、なんと4252人。さらに、65歳未満の人や、救急隊が到着した時点ですでに浴室で死亡していて、搬送されなかった人も含めると、入浴中に亡くなった人は1年間で約1万7000人にもなるそうです。

特に多いのは冬です。脱衣所の温度と浴槽のお湯の温度が違いすぎるため、血圧が急激に変化して「ヒートショック」と呼ばれる現象が起き、心臓が止まったり、意識を失って浴槽内で溺れるのだろうと言われています。

▶NHK生活情報ブログ／冬のお風呂　突然死に注意！
http://www.nhk.or.jp/seikatsu-blog/400/143857.html

同じ2012年の交通事故の死者の数は4411人。つまり交通事故で死ぬ人より、風呂場で死ぬ人の方が4倍も多いことになります。道路を歩いたり車に乗ったりするより、家でお風呂に入る方がはるかに危険なんですね。

さて、自分の心に訊ねてみてください。あなたは「風呂の方が自動車よりもこわい」と思っていますか？

ほとんどの人は「お風呂は危険だ」という認識すらないのではないでしょうか。

間違ったこわがり方をやめよう

「詩音が来た日」で書いたように、人間は世の中に無数にある

様々なリスクの確率がすべて分かっているわけではありません。たとえ確率が分かっていても、膨大な情報を検索してすべて記憶するのは大変な労力ですし、小さなリスクなどいちいち考えていたら生きていけません。

ですから、「このリスクは無視する、こっちは重視する」と、適当に線引きするしかないのです。そういう意味では、リスクの大きさに見合わないこわがり方をしても、「間違っている」とは言えないでしょう。

しかし、明らかに「間違ったこわがり方」というものはあります。

それは**「あるリスクを回避しようとした結果、かえって被害を大きくしてしまうようなこわがり方」**です。

先の例でいうと、消防士が危険を冒して火の中に飛びこまなければ、消防士自身は無事でも、火の中に取り残された人たちは死んでしまいます。消防士がリスクを避けたことで、犠牲者が出てしまうかもしれないわけです。

無論、それは訓練を受けたうえに防火服を着た消防士の話です。素人がろくな装備もなしに火事の現場に飛びこんだら、誰も助けられずに自分も焼け死んでしまうかもしれません。すなわち、犠牲を減らそうとした行動が、逆に犠牲者を増やしてしまうのです。

また、火の勢いがあまりにも強ければ、消防士でさえ飛びこむのは危険です。悲しいことですが、その場合は取り残された人を見殺しにするという選択をするしかありません。

このように、何が正しい行動なのかは、状況によって違ってきます。「人を救うために燃えている建物に飛びこむのは正しいことか」という質問に、単純なイエス・ノーで答えることはできま

せん。消防士が火災に飛びこむべきかどうかは、消防士の熟練度や火災の状況に応じて判断するしかないのです。

　外科手術の例にしても、他に患者を救う安全な手段があるなら、そちらを選択すべきです。しかし、他に方法がなく、このままでは患者は100％死んでしまうという状況でなら、成功する可能性が50％の手術でもやってみるべきではないでしょうか。

　殺人でさえも、場合によっては容認されます。武器を持った凶暴な犯人が暴れていて、このままでは誰かが傷つけられてしまう場合には、射殺することをためらうべきではないでしょう。

　大事なのは「**リスクを少しでも減らすこと**」です。

　これは「放射線被曝によって死ぬリスクを減らす」とか「タバコを吸ってがんになるリスクを減らす」とか「食品添加物で健康を害するリスクを減らす」という意味ではありません。それらすべてをひっくるめた、総合的なリスクのことです。

　人間は近視眼的な生き物です。すぐ目の前にあるリスクしか見えていません。それがこの世で最も大きな害悪であり、それを何としてでも排除するのが正しいことだと思いこんでしまうのです。放射線しかり、食品添加物しかり、外国人犯罪しかり、ポルノコミックしかり。

　そうしたものを減らしたいと思うのは、人間として当然の心理でしょう。

　しかし、ちょっと待ってください。それは本当に人間のためになるのでしょうか？　シェクリイの「監視鳥」と同じあやまちを犯してはいないのでしょうか？　もしかしたら、リスクを減らした代償として、もっと大きな危険を背負いこむことになるのでは？

放射線の危険を避けた結果、かえって死者を増加させるようなことは、あってはいけません。青少年を健全に育成しようとした結果、かえって害を及ぼすようなことはあってはいけません。様々な可能性を考え、どういう選択をすれば被害が最も小さくなるかを考えなくてはならないのです。

・そのリスクがどれぐらいの大きさなのかを見積もる。
・目の前にあるリスクにだけ目を奪われない。
・あるリスクを減らすことによって生じる代償を考える。

　本書の中では、「間違ったこわがり方」をしないために、この3点について考察していこうと思っています。

第 1 章

1966年の大虐殺
だいぎゃくさつ
―― 迷信・宗教を信じるリスク
    めいしん

グラフの奇妙な裂け目

　僕の妻は昭和41年（1966年）生まれです。
　日本の出生数のグラフ【図1-1】を見ると、あることに気づきます。昭和30年代後半から、なだらかな曲線を描いて上昇していたグラフに、この年、奇妙な裂け目が生じているのです。

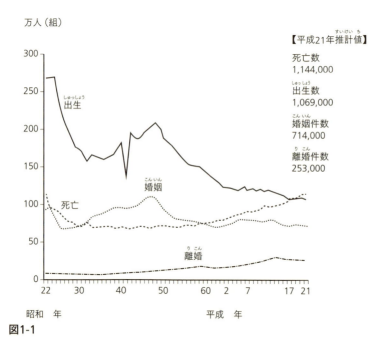

図1-1

▶厚生労働省／平成21年人口動態統計の年間推計
http://www.mhlw.go.jp/toukei/saikin/hw/jinkou/suikei09/index.html

　厚生労働省の統計によると、1960年代の日本の出生数は次の

通りです。

1961年　158万9372人
1962年　161万8616人
1963年　165万9521人
1964年　171万6761人
1965年　182万3697人
1966年　136万0474人
1967年　193万5647人
1968年　187万1839人
1969年　188万9815人

　前年に比べ、実に46万人（25%）も減少しているのです。明らかに異常なことです。いったい1966年に何があったのでしょう？
　実はこの年は、60年に一度の丙午の年。「丙午生まれの女は男を食い殺す」という迷信があったため、子供を作るのを控えた夫婦が多かったのです。
　この1966年、およびその前年の1965年は、婚姻の件数も減少しています。

1961年　89万0158組
1962年　92万8341組
1963年　93万7516組
1964年　96万3130組
1965年　95万4852組
1966年　94万0120組

1967年　95万3096組

1968年　95万6312組

1969年　98万4142組

▶平成23年版　子ども・子育て白書
http://www8.cao.go.jp/shoushi/whitepaper/w-2011/23webhonpen/html/b1_s2-1-2.html

　ご覧の通り、1964年と比べて、65年は8000組、66年は2万3000組も婚姻数が減っています。これは丙午の年に出産するのを避けるため、結婚そのものを避けたカップルが多かったからだと言われています。

中絶はどれぐらいあったのか？

　避妊しただけならまだいいのですが、中絶された命も多かったはずです。

　以下は民俗学者・板橋春夫氏の『誕生と死の民俗学』（吉川弘文館）という本を参考にさせてもらっています。

　この本によると、昭和40年の人工妊娠中絶の届出数は84万3248件。それが昭和41年には80万8378件になっています。

　「何だ、減っているじゃないか」と思われるかもしれません。確かに実数で見れば減っています。しかし、それは避妊したカップルが多かったため、妊娠した例が少なく、中絶も少なかったからです。割合で見てみると、別の様相が浮かび上がってきます。

　1965年の出産数は182万3697人、中絶は84万3248件。病気や事故による流産を除けば、妊娠した女性267万人のうち、31.6％が

第1章　1966年の大虐殺

中絶していることになります。丙午の年でなくても、これぐらいの中絶は普通にあったということです。

　1966年には、出産数は136万0474人、中絶数は80万8378件ですから、計217万人。前年より50万人少ない。つまり丙午に出産することを避けて避妊したカップルが、約50万組いたことになります。

　その217万人の妊婦のうち37.3％が中絶しています。前年より5.7％多いのです。

　この5.7％分の増加が、丙午が原因の中絶──「丙午生まれの女は男を食い殺す」という迷信を信じた人たちによるものだと考えられます。実数に換算すると12万人です。大雑把な見積もりなので誤差が大きいことを考慮に入れても、迷信が原因で、約10万人の胎児が闇に葬られたことになります。

　望まぬ妊娠をしてしまったとか、経済的に子供を育てられないとか、どうしても子供を産めない事情があったのなら、中絶もしかたのないことかもしれません。しかし、この10万人の胎児の死に関しては、そんな理由などありはしません。「丙午生まれの女は男を食い殺す」などということはありえないのですから。**あるはずのないリスクを回避するために、産まれてくるはずだった大勢の子供が可能性を断たれたのです。**

　おそらく、妊娠したものの「丙午に子供を産むなんて縁起が悪い」「男を食い殺す女になったらどうするんだ」などと周囲の人に責められ、泣く泣く中絶させられた女性も、かなりいたことでしょう。

　実におぞましいことと言わざるを得ません。

　僕の妻の両親が、そんな迷信に惑わされない健全な人間であっ

たことに、僕は感謝しています。

科学の時代によみがえった迷信

「当時の日本は、まだそんな非科学的な迷信がはびこっているような未開の国だったのか?」

　若い方はそう思われるかもしれません。そんなことはありません。当時の日本はすでに科学技術の点で先進国でした。1962年には戦後初の国産旅客機YS-11が初飛行に成功。1963年には科学技術庁が航空宇宙技術研究所を設立、国産宇宙ロケットの開発に乗り出しました。1964年には東海道新幹線が開通し、東京オリンピックが開催されました。1965年には、茨城県東海村で、日本初の商業用原子炉が臨界に到達しています。

　ちなみに1963年には初の本格的テレビアニメ『鉄腕アトム』が、1966年には『ウルトラマン』が放映開始されています。

　そう、1960年代はまさに科学の時代だったのです。そんな時代にもまだ、「丙午生まれの女は男を食い殺す」という迷信を本気で心配する人が何十万人もいたことになります。驚くべきことではありませんか。

　この迷信がいつ頃生まれたのかははっきりしません。前述の板橋春夫氏の著書によれば、1686年(貞享3年)刊の書物にすでに「丙午の女は夫を殺す性なりと世俗にいふ」という記述があるそうです。また、明治時代の戸籍資料によれば、1846年(弘化3年)生まれの人の男女比は、男性が女性の1.2倍近くもあり、この年に生まれた女の子が大量に間引きされたのではないかと推測されています。

興味深いのは、1906年（明治39年）の丙午では、出生数の減少は前年のわずか5％にすぎなかったことです。それが60年後の1966年には、25％になったのです。

もちろん、避妊の技術や知識が60年で格段に進歩したことや、少子化の風潮が芽生えていたことも、大きな要因であることは言うまでもありません。しかし、明治時代より昭和になってからの方が、丙午に子供を産むのを控える人の割合がはるかに大きかったというのは驚きです。

次の丙午は2026年に迫っています。その年に中絶が増加しないことを切に祈ります。

危険で無意味な風習「女性器切除」

他にも世界には、危険な風習、無意味な風習が数多く残っています。

現在でも、アフリカ北部の多くの地域で、「女性器切除」（Female Genital Mutilation、略称FGM）が行なわれています。初潮前の少女の生殖器の一部を切り取ったり、膣口を縫い合わせたりするというもので、これによって女性の性欲をなくし、貞節や処女性を守れると信じられています。ユニセフの推計によれば、世界にはFGMの被害に遭った女性が1億3000万人もおり、毎年300万人の4〜12歳の女児が性器を切除されているそうです。

▶swissinfo.ch／女性器切除に刑罰を
http://www.swissinfo.ch/jpn/detail/content.html?cid=5771812

FGMは多くの場合、不衛生な環境で、麻酔も使わずに行なわ

れます。少女が激痛や大量出血を体験するのは言うまでもありませんし、エイズなどに感染するリスクもあります。成長してからも性交時や出産時に苦痛を味わいますし、妊娠時の合併症や感染症の危険、母子の出産時の死亡率も高いことが分かっています。

　WHO（世界保健機構）やユニセフなど、多くの国際機関がFGMの廃止を呼びかけており、すでにギニア、エジプト、エチオピアなどでは法律で禁止されています。それでも、まだ行なわれている地域も多く、根絶は難しいようです。

　FGMを行なっている人々は、これが「昔から続いている風習だから」という理由でやめようとしません。少女の性器の一部を切除しないと害があると信じているのです。無論、FGMなどない国に住んでいる僕らにしてみれば、まったくナンセンスな話なのですが。

　これなどは「間違ったこわがり方」の典型例でしょう。どう考えても、FGMによる害は、それがもたらすと考えられている益をはるかに上回っています。

金曜日に冷蔵庫が開けられない

　宗教上の戒律が人間の自由や安全を奪っている例もたくさんあります。

　たとえばイスラム教には、女性が親族以外の男性に触れられてはならないという戒律があります。男性の医師が診察のために女性の患者に触れることができないのです。そのため、女性医師が足りない地域では、女性の患者は満足な診察を受けられません。

　キリスト教やユダヤ教にも、不合理な戒律がいくつもあります。

A・J・ジェイコブズ『聖書男』（阪急コミュニケーションズ）という本があります。著者は無神論者なのですが、宗教の問題に興味を持ち、丸一年間、聖書の教えに忠実に従って生活しようと試みます。

　たとえば、聖書のレビ記19章19節には、二種の糸で織った服を着てはいけないとあるので、混紡の服が着られません。さらに民数記15章38節に従い、衣服の四隅に房を縫いつけなくてはなりません。

　豚肉や甲殻類は食べられません。果物は植えてから5年経った果樹の実でないと食べてはいけません。過越祭の日には入口の柱に子羊の血を塗らなくてはなりません。

　生理中の女性に触れてはいけないという教え（レビ記15章19節）も厄介です。買い物をして女性店員から釣りを受け取る時も、相手が生理中かもしれないので、うっかり手に触れられないのです。直接接触するだけでなく、生理中の女性が座った椅子に座るのも禁じられています。家の中の椅子はすべて妻が座ったことがあるので、しかたなくジェイコブズは折り畳み式の椅子を買ってきて、それに座ることにします。

　ジェイコブズには正統派ユダヤ教徒のおばさんがいます。彼女は金曜日の夜、冷蔵庫が開けられません。冷蔵庫を開けると中のランプが点いてしまうからです。ユダヤ教の戒律で、安息日（金曜の日没から土曜の日没まで）の間は火を灯してはいけないのです。

　そう言えば、ノーベル賞物理学者リチャード・ファインマンの自伝『ご冗談でしょう、ファインマンさん』（岩波書店）の中に、ユダヤ教の神学生から「電気は火ですか？」と訊ねられるというエピソードがありました。エレベーターが作動する時に小さな火

花が散るので、ユダヤ教徒は安息日にエレベーターのボタンが押せないのです。だから土曜日の神学校では、エレベーターの横にユダヤ教徒ではない男性が常に待機していて、学生の代わりにボタンを押してやるのです。

　無論、現代のキリスト教徒やユダヤ教徒の多くは、ここまで厳格に聖書の教えを守ってはいません。今や無意味になった戒律、不便な戒律は、どんどん無視してきたのです。

『四谷怪談』は真実か？

　日本では、『四谷怪談』の映画や芝居を製作する際には、スタッフや出演者が東京都新宿区四谷にあるお岩稲荷にお参りに行くのが恒例になっています。「お参りに行かないとお岩さんの祟りがある」と言われています。
　しかし、『東海道四谷怪談』は鶴屋南北の創作した芝居、フィクションです。その初演は文政8年（1825年）ですが、本物のお岩という女性が亡くなったのはその1世紀以上も前のことで、史実では怪談めいたことは何もなかったと言われています。それどころかお岩と夫の田宮伊右衛門は仲の良い夫婦と評判だったそうです。『四谷怪談』では、お岩は伊右衛門に殺害され、伊右衛門はお岩の祟りによって死に、家系は断絶します。しかし実際には田宮家は現在まで存続しています。
　ではお岩稲荷とはいったい何なのでしょう？　この神社の由来を記した『於岩稲荷由来書上』によれば、お岩をめぐって怪異な事件が続発したと書かれています。ところが、この『由来書上』が書かれたのは文政8年、まさに『東海道四谷怪談』初演の年な

のです。つまり神社の由来の方が、芝居の大当たりに影響されたと考えられるのです。

▶志村有弘編『日本ミステリアス　妖怪・怪奇・妖人事典』(勉誠出版)

　言ってみれば、『四谷怪談』のお岩は、実在の人物をモデルに創造されたフィクションのキャラクターです。『暴れん坊将軍』における徳川吉宗、『水戸黄門』における水戸光圀のようなものと思えば間違いないでしょう。『暴れん坊将軍』や『水戸黄門』が実話だと思う人などいないはずです。

　そもそも幽霊の祟りなどというものが科学的にあるわけがないのですが、お岩の場合、元になる怪異談そのものがなかったのですから、その祟りなど、いっそうありえない話です。

　おそらく昔、『四谷怪談』の上演中に何か事故があって、「お岩の祟りだ」と言い出した人がいたのでしょう。演劇にせよ映画にせよ、まったく何の問題もなしに完成することなど、まずありません。たいてい何かトラブルがあるはずです。それが『四谷怪談』だと「お岩の祟り」にされてしまうのでしょう。本物のお岩さんにしたらいい迷惑、名誉毀損です。

神社にお参りするのは合理的

　しかし、お岩稲荷にお参りに行くことがまったく無意味かというと、そんなことはありません。

　出演者やスタッフの中には迷信深い人がいて、「お参りに行かないと不吉なことが起きるかも」と不安に思うかもしれません。そうした不安が失敗につながったり、スタッフの間に軋轢を招い

たりするかもしれません。そうした人を安心させ、製作をスムーズに進行させるためにも、お参りは必要なのです。

　お参りに行くのにかかる経費も労力も、たいしたものではありません。作品が失敗するリスクを軽減するために、お参りは意味のある行為と言えます。

　こうした例は他にもたくさんあります。プロローグで引用した「詩音が来た日」でも書いたように、仏滅の日に結婚式を挙げる人はあまりいません。家やビルを建てる前には、土地の神様を鎮める地鎮祭が行なわれます。正月には大勢の人が神社にお参りに行きますし、正月でなくても、受検合格や病気快癒を願うために神社を訪れ、お賽銭をあげたりお守りを買う人はたくさんいます。

　我が家でも正月には家族で初詣に行き、お賽銭をあげて柏手を打ち、破魔矢やお守りやおみくじを買います。

　僕は無神論者ですから、神様にお賽銭をあげても願いが叶うとは思いませんし、破魔矢を玄関に飾ったところで家が災難に見舞われる確率が1％も減るとは思いません。しかし、妻はそういうことを気にするタイプです。「神社に参拝するなんて意味がない」「お守りや破魔矢なんて買うのは金の無駄だ」と僕が強硬に主張したらどうなるでしょう。夫婦仲は険悪になり、離婚に発展するかもしれません。

　そんなリスクを避けるためなら、一年に一度ぐらい、神社で少しばかりお金を使うのは、安い出費なのではないでしょうか。神社にお参りするという行為は、**科学的には間違っていても、リスクを減らすという意味でなら正しい選択**と言えます。

　しかし、先の丙午の大量中絶やFGMとなると、問題がまるで違ってきます。確かに古い風習を信じている人は安心するかもし

れませんが、その代償が胎児の生命や少女の苦痛というのは、あまりにも大きすぎます。リスクと代償がまったく釣り合っていません。

これらは「間違ったこわがり方」の典型例です。

初詣と霊感商法はどう違う?

世の中には霊感商法というものもあります。その手口はだいたい次のようなものです。

まず、道行く人を呼び止めたり、雑誌やネットで広告を出したりして、「占ってあげる」「霊視してあげる」などと親切を装い、被害者を誘い出します。そして「悪い霊がついている」「このままでは死んでしまう」などと言っておどし、運が良くなるという印鑑や壺を売りつけたり、「除霊」と称して何十万、何百万というお金を出させるのです。

霊感商法が先の初詣のお賽銭や破魔矢と違うのは、金額の大きさだけではありません。

神社にお参りに行くのは本人の自発的意思です。神社の側から「神様にお賽銭をあげなさい」とか「お守りを買わないと悪いことが起きます」と呼びかけたりはしません。神社でお金を払う人は、それによって精神的な安らぎを得ています。ほんの少しではありますが、お金と引き換えに幸せを手に入れていると言えます。

霊感商法はその逆で、被害者を不安にさせるのです。最終的に高価な壺を買わされ、被害者は安心するかもしれません。しかし、考えてみれば、霊感商法に関わる以前の状態に戻っただけなので、お金だけ損したことになります。

失うのはお金だけではありません。家族の誰かがカルトに入信したせいで、家族仲が険悪になり、離婚や家庭崩壊に至ったという話はよく耳にします。カルトを信じることで害が発生してしまうのです。

「パスカルの賭け」の間違い

宗教の話になったので、「パスカルの賭け」について触れておきましょう。

17世紀フランスの数学者、物理学者、哲学者だったブレーズ・パスカルが、生前にノートに書き残していた文章が、彼の死後、『パンセ』（1670年）という本にまとめられて出版されました。「パスカルの賭け」と呼ばれるものは、その第三章「賭けの必要性について」の中に出てきます。

パスカルの主張を要約するとこうなります。

「神はあるか、またはないか」——理性ではどちらが正しいとも決められない。表か出るか裏が出るかは分からない。しかし、君はどちらかに賭けなくてはならない。

神があるという方に賭けて君が勝てば、君は全部を儲ける。君が負けても、何も損をしない。

もし君が1つの生命の代わりに2つの生命を儲けられるのなら、1つの生命を賭けても差し支えない。3つの生命を儲けられるのなら、賭けなければいけない。神がある方に賭けて勝てば、無限に幸福な無限の生命が手に入るのだから、賭けないのは無分別なことである……。

発表された当時から、この「パスカルの賭け」は多くの批判にさらされてきました。
　批判のひとつは、パスカルがキリスト教の神を信じることだけを前提とし、それ以外の神を無視していることです。もしキリスト教の教えが間違いで、イスラム教やヒンドゥー教が正しかったとしたらどうなるのでしょうか。キリスト教に賭けた者は、死後、地獄に落とされてしまうかもしれません。
　また、パスカルは「表が出るか裏が出るか」という表現を用い、神が存在する確率が2分の1であるという前提で論じています。しかし、神が存在する確率など誰にも分かるはずがありません。たとえば神が存在する確率がゼロであるなら、それに賭けるのが無意味であることは明白です。では神が存在する確率が1000兆分の1なら？　それでも「神がある」に賭けるべきでしょうか？
　あなたのところにこんなメールが来たと想像してみてください。

『私は神である。私を信じれば無限に幸福な無限の生命が手に入ると約束しよう。ただし、口で「信じる」と言うだけではだめだ。本当に私を深く信じていることを態度で示せ。3日以内に下記の口座に1万円を振り込むように。そうすればお前の私に対する信仰心が本物だと認め、お前の死後、無限に幸福な無限の生命を与えよう』

　さて、あなたはこのメールの送り主の主張が正しいことに賭けるでしょうか？　送り主が本物の神である確率は限りなく小さいでしょうが、本物の神ではないと確かに証明されるまでは、神で

ある可能性もあるわけですから、パスカルの論理に従えば、あなたは送り主が神であることに賭け、1万円を振り込まなくてはならないはずです。

　僕が最もうさん臭いと思うのは、「無限に幸福な無限の生命」という部分です。それがいったいどういうものなのか、具体的に想像できません。想像がつかない状態が無限に続くというのは、考えようによっては、かなり恐ろしいことではないでしょうか。多くの人がそんなあやふやなものに期待する心理が、僕には理解できません。そんなものを提示されたら、僕は逆に賭けるのをためらいます。

　作者が誰かも思い出せないのですが、かなり昔に読んだこんな4コマ・マンガがありました。

　清く正しく生きてきたお爺さんが、死後に天国にやって来ます。「あなたは正しく生きたので、天国で永遠に暮らすことができます」と告げる天使。お爺さんは「正しく生きてきたかいがあった」と感謝します。

　背中に白い翼を生やし、何もない雲の上を、ただふわふわ漂っているお爺さん。

　やがて、突然、お爺さんは叫びます。

　「ああっ、思っていたほど楽しくない！」

「神を信じること」の大きすぎる代償

　しかし、「パスカルの賭け」の最大の問題は、「君が負けても、何も損をしない」という部分ではないでしょうか。

　無論、神社にお参りしたり教会に通ったりするぐらいなら、た

いした労力ではありませんし、出費もさほど大きくありません。そういう信仰は非難されるべきではないでしょう。

しかし中には、信者にきわめて大きな犠牲を強いたり、人の命を奪ったり、罪のない人を不当に弾圧するような宗教があります。

有名な生物学者のリチャード・ドーキンスは、『神は妄想である』(2006年)という挑戦的なタイトルの本のまえがきで、こんなことを述べています。

> ジョン・レノンとともに、宗教のない世界を想像(イマジン)してみてほしい。自爆テロリスト、九・一一［世界貿易センタービルがイスラム教徒の飛行機テロで崩壊した日］、七・七［ロンドンで同時多発テロが起きた日］、十字軍、魔女狩り、火薬陰謀事件［一六〇五年に英国でカトリック教徒が起こした政府転覆未遂事件］、インド分割［イスラム教徒とヒンドゥー教徒の対立に起因する］、イスラエル／パレスチナ戦争、セルビア人／クロアチア人／イスラム教徒の大虐殺［旧ユーゴスラヴィアにおける］、キリスト殺しのユダヤ人迫害、北アイルランド紛争(トラブル)、「名誉殺人」［一族の名誉を汚した人間を殺すというイスラム教圏の風習］、ふっくらさせた髪型でキンキラの服を着て、騙されやすい人々から金を巻き上げるテレビ伝道師（「神はあなたがひたすら捧げることを望んでおられます」）、それらすべてが存在しない世界を想像してみてほしい。太古の仏像を爆破するタリバンのいない、冒瀆者を公開斬首することのない、女性が肌をほんのわずか見せたという罪で鞭打たれることのない世界を想像してみてほしい。（後略）
> ——『神は妄想である』（早川書房）10ページ

確かに、これまで宗教の名のもとで、大規模な虐殺や破壊が繰り広げられ、多くの人が弾圧されてきました。こうした有害な行為は決して容認してはなりません。

「君が負けても、何も損をしない」とパスカルは言います。しかし、あなた自身が損をしなくても、あなたが支持している宗教が誰かに害を与える可能性も考えるべきです。「私が幸せになれるなら、他の誰かが傷ついてもかまわない」という考え方は、宗教やモラルとは正反対のものでしょう。

「神を信じない」ことのリスクは？

この本の読者の中には、「宗教を信じない人間が増えたら、モラルが低下して犯罪も増え、自爆テロや宗教紛争を上回る犠牲が発生するのでは？」と不安に思う方もおられるかもしれません。そういう方には、こういうデータを紹介しましょう。

世界数十ヶ国の大学や研究機関の共同による「世界価値観調査」というものが5年ごとに行なわれています。各国の18歳以上の男女1000人以上を対象とした意識調査です。

その2000年度の調査で、「宗教を持っていない」と答えた人の割合は次の通りです。

無宗教者の多い国		無宗教者の少ない国	
中国	93.0%	バングラデシュ	0.1%
エストニア	75.7%	ナイジェリア	0.7%
チェコ	64.3%	ウガンダ	1.1%

オランダ	55.0%	マルタ	1.3%
日本	51.8%	タンザニア	1.7%
ロシア	48.1%	ルーマニア	2.4%
ベラルーシ	47.8%	トルコ	2.5%
ハンガリー	42.6%	ギリシア	4.0%
フランス	42.5%	アイスランド	4.3%
ウクライナ	42.4%	ポーランド	4.6%

▶電通総研・日本リサーチセンター編『世界60カ国価値観データブック』（同友館）

　さて、どうでしょう？　確かに中国のように多くの問題を抱えている国、ロシアやオランダのように犯罪の多い国もある反面、日本やフランスの国民が、ルーマニアやギリシアに比べて、そんなに乱れているようには思えませんね。

　それに中国やロシアの場合、長いこと共産主義国だったから神を信じる人が少なく、共産主義国だったがゆえに多くの社会の歪みを抱えこんでしまった部分が多いでしょう。無宗教者の多さと犯罪の多さは、どちらかがどちらかの原因ではなく、共通の原因によるものだと考えるのが妥当です。

　注目していただきたいのは、日本の無宗教者の多さです。日本人の約半数が無宗教者なのです。無宗教者の方が犯罪に走りやすいのなら、その割合がギリシアの10倍以上もある日本は、犯罪大国でなくてはならないはずです。

　実際はどうかというと、人口あたりの殺人事件の件数は、ギリシアは日本の1.9倍、ポーランドは2.9倍、トルコは5.1倍、ルーマニアは6.8倍もあるのです。

▶犯罪率統計 · ICPO調査
http://aplac.info/gogaku/icpo.html

　日本は世界の中でもものすごく犯罪の少ない国なのです。日本の存在が、「宗教を信じない人間が増えたら犯罪が増える」という主張に対する反証になっているのです。（日本の犯罪の少なさについては、第5章でまた説明します）

無神論者が神に賭けない理由

　前述の『神は妄想である』には、ハーバード大学の生物学者マーク・ハウザーが、倫理学者のピーター・シンガーと共同で行なった研究が紹介されています。彼らは多くの被験者に、倫理観に関する質問をしました。その結果、無神論者と宗教を信じている人の間に、統計的に有意な差は存在しない――すなわち、無神論者が倫理的に劣っているわけではないことが明らかになったのです。
　言い換えれば、**宗教は犯罪の発生の歯止めになっていない**ということです。宗教を信じている人には受け入れがたい結論かもしれませんが、これは統計で証明されていることです。
　なぜほとんどの無神論者は犯罪に走らないのか。死後に神から罰を受けることを恐れていないのなら、有神論者より犯罪に走る可能性が高いはずではないか――これは神を信じている人にはなかなか理解してもらえないことでしょうが、論理的に考えれば当然のことです。
　パスカルはこんなことも言っています。

ところで、この方（山本注・神が存在すると信じること）に賭けることによって、君にどういう悪いことが起こるというのだろう。君は忠実で、正直で、謙虚で、感謝を知り、親切で、友情にあつく、まじめで、誠実な人間になるだろう。事実、君は有害な快楽や、栄誉や、逸楽とは縁がなくなるだろう。しかし、君はほかのものも得ることになるのではなかろうか。
　　　　　──『パンセⅠ』（中央公論新社）179‐180ページ

　確かに、罪を犯さず、人を傷つけず、勤勉で正しい生き方をしていれば、刑務所に入る危険や誰かから害を受ける危険を極端に減らせる一方、人生で成功して幸福をつかめる可能性も高くなるでしょう。**正しく生きること、それ自体がその人にとっての益**となるわけです。
　しかし、こうした生き方は、大半の無神論者も実行していることです。神がいようといまいと、天国があろうとなかろうと、罪を犯さずに生きていれば、生きている間は幸せでいられる可能性は高いのですから、それを選択するのは合理的な判断です。
　有神論者と違うのは、無神論者は「神がある」ことに賭けないことによって、宗教を信じることによって生じる可能性のある様々な不便や危険や罪を回避していることです。教祖に大金を巻き上げられる。宗教上のタブーに縛られる。宗教活動に熱中しすぎて家庭が崩壊する。けがをしても輸血が受けられない。異教徒の弾圧に手を貸してしまう。地下鉄に毒ガスを撒く。霊感商法の手先になる。「悪魔祓い」と称して子供を虐待する……などなど。

そうしたリスクを回避することによって得られる安全や安心感と、「死後に無限に幸福な無限の生命を得られるかもしれない」というあやふやな可能性を天秤にかけ、無神論者は前者を選択しているのです。

それでも宗教が存続すべき理由

仮に世界中の人間がすべて無神論者になっても、犯罪は増えないでしょう。一方で、宗教が原因の戦争や弾圧やテロがなくなりますから、ドーキンスの言うように、今よりも平和な世界になるでしょう。

しかし、それは理想論です。宗教をなくすことはできません。想像してみてください。無神論者たちが大勢集まって「無神論党」を結成し、世界中から宗教をなくそうと積極的な運動をはじめたら。それがしだいに拡大し、大きな力を持っていったら——あちこちで有神論者に対する弾圧が起きるでしょうし、それに反発して暴動やテロや紛争が頻発することは、火を見るより明らかです。

宗教をなくすリスクはあまりにも大きすぎるのです。

それに、宗教の多くは過激なものではなく、信者に安らぎや幸福をもたらしていることも忘れてはいけません。

テロや差別の原因となる危険な宗教や、人の命をおびやかすような戒律は、容認すべきではありません。しかし、安全な宗教——誰かを危険にさらすことがない宗教は、これからも存続するべきです。それをなくそうしとすることによって、かえって大きな害や混乱が発生するでしょうから。

第 2 章

こんにゃく入りカップゼリーの不名誉
―― 新しいものを警戒する心理

こんにゃく入りゼリーへの攻撃

　2008年7月29日、兵庫県で痛ましい事件がありました。当時1歳11ヶ月だった男の子が、祖母から与えられたこんにゃく入りミニカップゼリーをのどに詰まらせ、意識不明の重体に陥ったのです。
　男の子は意識が回復しないまま、2ヶ月後の9月20日に亡くなりました。両親はのちに、「製品に欠陥があった」として、ＰＬ法（製造物責任法）に基づき、メーカーに対して6240万円の損害賠償を求める訴訟を起こしています。
　こんにゃく入りゼリーの窒息事故は以前からあり、国民生活センターなどが危険性を警告していたのですが、この事件が大きく報じられたのがきっかけで、いっぺんに注目されるようになりました。主婦連合会事務局長の佐野真理子氏は「そもそも高齢者や子どもが食べてはいけないお菓子が流通していること自体おかしい。早急に消費者庁を設置して、規制すべきだ」と発言しています。
　その後、2009年9月に消費者庁が発足。2010年7月には、こんにゃく入りゼリーに関する会議を開き、「食べ物の形や硬さを規制する法整備が必要」との見解をまとめました。同年11月には、仙谷由人官房長官（当時）が消費者庁内に「こんにゃく入りゼリー等の物性・形状等改善に関する研究会」というプロジェクトチームを設立するなど、こんにゃく入りゼリー規制に向けて活動してきました。
　規制の必要を訴えているのは消費者庁だけではありません。2011年2月には、日本弁護士連合会が「こんにゃく入りゼリーの

規制を求める意見書」を発表しています。こんにゃく入りゼリーはすっかり危険な食品とみなされてしまったようです。

しかし、本当にこんにゃく入りゼリーはそんなに危険なものなのでしょうか？

8000万人に1人が死ぬから法規制？

僕がこの問題に関心を抱いたのは、2010年3月のことです。当時、こんなニュースが流れました。

こんにゃく入りゼリー　安全対策で初会合
　こんにゃく入りゼリーをのどに詰まらせて死亡する事故がこの15年間で22件起きていることを受けて、消費者庁は会合を開き、今年夏までに具体的な安全対策をまとめることになった。
　こんにゃく入りゼリーについては、現在、業界団体が自主的に「子供や高齢者は食べないように」といった注意表示を行っている。24日に行われたこんにゃく入りゼリーの安全対策プロジェクトの初会合で、消費者庁・泉政務官は「実際に（人が）亡くなっている現実を重く受け止めなければならない」と述べ、業界の自主規制だけではなく、法規制も視野に入れて対策を行う考えを示した。

▶日テレNEWS24
http://www.news24.jp/articles/2010/03/25/07155963.html

このニュースを読んで、僕はすぐに疑問を抱きました。

15年間で22件?

年間約1.5件?

日本人の約8000万人に1人?

それってちっとも多くないんじゃないでしょうか?

確かに「亡くなっている現実を重く受け止めなければならない」のはその通りですが、こんなにリスクが低いものを法で規制する意味があるのでしょうか?

興味を抱いてさかのぼってみると、2010年1月14日には、こんな報道がされていました。

こんにゃく入りゼリー、高い確率で窒息

のどに詰まって窒息し、17人が死亡しているこんにゃく入りゼリーの安全性を検討する内閣府の食品安全委員会の専門調査会は、ほかの食品に比べて窒息する確率が高いとする調査結果を公表した。

13日の会議では、食品ごとの一口あたりの窒息事故の発生率が報告され、こんにゃく入りゼリーを食べて窒息する確率は、肉や魚などに比べて最高で100倍以上高いとする分析結果が発表された。発生率は餅が一番高く、こんにゃく入りゼリーは飴と並んで2番目に高いという。また、こんにゃく入りゼリーの形状について、かみ切りにくく、吸い込んで気道を詰まらせる大きさだと結論づけている。

▶日テレNEWS24
http://www.news24.jp/articles/2010/01/14/07151547.html

「高い確率で窒息」「肉や魚などに比べて最高で100倍以上高い」

などと書かれたら、そんなに危険なものなのかと思ってしまいます。

ところが実際のデータを見ると、驚いたことに、記事の内容とはまったく違っていました。

餅の方がはるかに危険だった！

この報道の2年前、2008年に、厚生労働省がこんな調査結果を発表していたのです。

▶食品による窒息の現状把握と原因分析研究
http://www.mhlw.go.jp/topics/bukyoku/iyaku/syoku-anzen/chissoku/dl/02.pdf

東京消防庁および各政令市消防局18ヶ所を対象とした調査では、平成18年1月1日から12月31日までに、595例の食品による窒息事故が報告されています。うち、男性50.3％、女性49.7％で、ほぼ半々。年齢分布は、65歳以上が全体の76.0％、10歳未満が12.0％で、お年寄りと子供が大半を占めていることが分かります。

原因となった食品が特定できたものは432例。その内訳を見てみましょう（次ページ参照）。

全国47都道府県の204ヶ所の救命救急センターを対象とした調査（平成19年1月1日から12月31日まで）でも、ほぼ同様の結果です。

どう見ても、餅やご飯やパンや魚や肉を詰まらせる人の方が、カップ入りゼリーを詰まらせる人よりはるかに多いのです。

ご飯やパンは毎日のように口にするものですから、事故も多いのは納得できます。しかし、普段あまり食べない餅と比較しても、カップ入りゼリーによる事故は少ないのです。

種類		数
穀類	穀類計	211例
	餅	77例
	米飯	61例＊
	パン	47例
	粥（かゆ）	11例
	その他	15例
魚介類		37例
果実類		33例
肉類		32例
いも及びでんぷん類		16例＊
菓子類	菓子類計	62例
	飴（あめ）	22例
	だんご	8例
	ゼリー	4例
	カップ入りゼリー	8例
	その他	20例

＊「米飯」の61例はおにぎりを含む。「いも及びでんぷん類」の16例は、しらたき、こんにゃくなど。

種類		数
穀類	穀類計	190例
	餅	91例
	米飯	28例
	パン	43例
	粥（かゆ）	11例
	その他	17例
魚介類		25例
果実類		27例
肉類		28例
いも及びでんぷん類		19例
菓子類	菓子類計	44例
	飴（あめ）	6例
	だんご	15例
	カップ入りゼリー	3例
	その他	20例

菓子だけに限定しても、飴やだんごを詰まらせる事故が、カップ入りゼリーよりも多いか、ほぼ同等です。

水増しされた窒息率

2010年3月10日の午前10時から開かれた内閣府食品安全委員会の「第7回食品による窒息事故に関するワーキンググループ」では、こんな資料が配布されました。

▶資料1-3　一口あたり窒息事故頻度の算出について
http://www.fsc.go.jp/senmon/sonota/chi_wg-dai7/chi_wg7-siryou1-3.pdf

この資料では、これまで起きた窒息事故死のデータを基に、一口あたりの窒息事故の頻度が次のように算出されています。単位は1億分の1です。つまり「7.6」というのは、1億人が一口ずつ食べたら7.6人が窒息死することを意味します。

種類	一口あたりの窒息事故頻度
餅	6.8〜7.6
ミニカップゼリー	2.3〜4.7
飴類	1.0〜2.7
こんにゃく入りミニカップゼリー	0.14〜0.28
パン	0.11〜0.25
肉類	0.074〜0.15
魚介類	0.055〜0.11
果実類	0.053〜0.11
米飯類	0.046〜0.093

つまり、こんにゃく入りミニカップゼリーの窒息率は、最大でも餅の約30分の1、飴の約10分の1なのです。かなり安全な食品だと言えます。普通のミニカップゼリーより窒息率がかなり小さいのは、食べる人が用心するせいかもしれません。
　ところが驚くべきことに、同じ日の午後、メディアではこんな報道がされました。

こんにゃくゼリー「事故頻度、アメと同等」　食品安全委
　食品の窒息事故の危険性を議論している食品安全委員会のワーキンググループが13日開かれ、子どもや高齢者の死亡事故が相次ぐこんにゃく入りゼリーの窒息死亡事故の確率について、餅に次いで「アメと同程度の事故頻度がある」とする推測値を初めて公表した。
　一口あたりの事故頻度を摂取量などに応じて、食品ごとに試算。こんにゃく入りゼリーについては、その生産量と、内閣府が把握する死亡事故数をもとに試算した。
　その結果、1億人が一口食べたと仮定して最大で0.33人が窒息死の危険性がある計算になった。また、別の試算による事故頻度の推計では、こんにゃく入り以外も含めたゼリー全体の摂食量などから最大で5.9人となった。
　他の食品の試算では、事故頻度が高い順に、いずれも最大で餅7.6人▽アメ2.7人▽パン0.25人▽肉類0.15人などとなった。こんにゃく入りゼリーの事故頻度は、二つの試算から、餅とパンの間にあり、アメと同程度ということになった。

▶朝日新聞2010年1月13日

これには驚きました。元の資料には、こんにゃく入りゼリーの窒息率が「最大で0.33人」などという数字はありません。最大で「0.28」です。餅や飴やパンや肉の数字は資料と同じなのに、こんにゃく入りミニカップゼリーの数字だけが水増しされているのです。

　これのいったいどこが、「アメと同程度」なのでしょうか。資料を見る限り、「**パンと同程度**」なのですが。

　しかもこれは「一口あたり」の数字です。パンやご飯や肉は、ミニカップゼリーの何倍、何十倍もの容積がありますから、一食分を何十口にも分けて食べねばならず、当然、窒息する率も高くなります。

　ちなみに前述の資料では、日本人1人の1日あたりのミニカップゼリーの平均消費量を0.33〜0.47gとしています。それに対し、餅は3.20g、米飯類は355.54g、パン類は39.90g、肉類は77.93g、魚介類は94.15g、飴類は0.45g、果実類は105.69gです。

　つまり、日本人はミニカップゼリーの10倍の餅、100倍のパン、200倍の肉や魚、1000倍の米飯を食べているのです。一口あたりの窒息率が小さくても、たくさん食べれば窒息する危険が増えるのは当然です。

「重症率85％」のからくり

　これで終わりではありません。同年の7月1日にはこんな報道もあったのです。

こんにゃくゼリーの窒息、重症率85％　消費者庁分析

　こんにゃく入りゼリーによる子どもやお年寄りの窒息事故防止策を検討している消費者庁は30日、都市部を中心に2006～08年に救急搬送された約4千件の窒息事故のうち、同ゼリーが原因となった事故の85％が、命の危険がある「重症」以上だったとの分析結果をまとめた。餅やアメなど他の食品の「重症率」を大きく上回り、政府の食品安全委員会が「アメと同程度の事故頻度」としたリスク評価とは異なる実態が浮かび上がった。

▶朝日新聞2010年7月1日（以下同じ）

　「重症率85％」！　こんな数字を見ると「こわい！」と思いますね。
　ところが、その後に続く文章を読むと、あきれてしまいます。

　　東京消防庁や政令指定都市の消防当局などからデータを集め、窒息事故4137件のうち原因食品がはっきりしている2414件を分析。その結果、同ゼリーによる事故は7件と件数は少ないものの、うち2件が「重症」、4件が命の危険が切迫している「重篤」だった。406件あった餅は重症・重篤・死亡の重症以上の事故が54％、アメ（256件）は1％だった。

　何と、7件のうち6件が重症・重篤だったから、6÷7＝0.857で、「85％」だと言っているのです！　サンプル数が少なすぎます。たとえて言うなら、コインを7回投げて6回表が出たから、「このコインで表が出る確率は85％だ」と言っているようなものです。

それに窒息事故の場合、餅にせよゼリーにせよ、救急車を呼ぶ前に吐き出して大事に至らず、データに反映されなかった例も多いはずです。そう考えると「重症率」という数字にはあまり意味がありません。

たとえこんにゃく入りゼリーの「重症率」が85％だとしても、やはり餅の方が危険です。先の内閣府食品安全委員会の報告を基に、餅の窒息率を7.6、こんにゃく入りミニカップゼリーの窒息率を0.28として、分かりやすく言い換えてみると、こうなります。

「100億人がこんにゃく入りミニカップゼリーと餅を一口ずつ食べたとすると、こんにゃく入りミニカップゼリーを一口食べた32人が窒息し、うち28人が重症・重篤になる。それに対し、餅を一口食べた1400人が窒息し、うち760人が重症・重篤になる」

どう見ても餅の方がはるかに危険なのは明らかです。

こうなるともう陰謀の臭いを感じますね（笑）。誰かがこんにゃく入りミニカップゼリーを貶めようとして、故意にデータをねじ曲げているとしか思えません。

すでに安全対策はされていた

まだあります。カップ入りゼリーの窒息事故について、犠牲者の年齢を見てみると、次のようになります（次ページ参照）。

カップ入りゼリーの窒息事故の犠牲者は、小さい子供か高齢者に限られていることが分かります。**つまり幼児と老人が食べなければ、犠牲者はほぼゼロにできる**ということです。

年齢	消防庁	救急救命センター
1〜4歳	2例	0
5〜9歳	0	1例
65〜79歳	2例	2例
80歳以上	3例	0

　2007年9月26日、日本こんにゃく協同組合連合会、全国菓子協同組合連合会、全日本菓子協会の3者が、「一口タイプのこんにゃく入りゼリーの事故防止対策について」という声明を発表しています。その内容は、袋の表面に「こんにゃく入りゼリー」であることを示すマークと、「**お子様や高齢者の方はたべないでください**」という警告文を入れること、裏面にも「お子様や高齢者の方は、のどに詰まるおそれがあるので、食べないでください」「お子様の手の届かないところに保管してください」などの注意、万一のどに詰まった場合の処置法などを入れることを徹底するものです。こうした新パッケージへの切り替えは、2008年1月末までに終わっています。

　つまり、2008年1月以降に出た犠牲者は、大人が警告文を無視して幼児に食べさせたか、老人が警告文を無視して食べたものなのです。

　冒頭で述べた2008年7月の兵庫での窒息事故でも、袋には「お子様や高齢者の方はたべないでください」という警告文が書かれていました。祖母がそれを無視し、こんにゃく入りゼリーを幼児に与えたのです。しかもゼリーは半解凍で、噛みにくい状態だったそうです。危険な行為としか言いようがありません。

　2011年11月17日、神戸地裁姫路支部の中村隆次裁判長は、問題

の製品が「通常有すべき安全性を備えており、ＰＬ法上の欠陥はない」し、「外袋には子供や高齢者はのどに詰まるおそれがあるため食べないように警告されており、一般消費者に事故の危険性を周知するのに必要十分だった」として、原告の請求を棄却する判決を下しています。両親はこの判決に納得せず、大阪高裁に控訴しましたが、再審でも一審判決が支持され、2012年5月、控訴は棄却されています。

　これはまことに妥当な判決です。どう見ても事故の責任はメーカーにはありません。

1年に600人が餅で亡くなっている！

　一方、餅による犠牲者を見てみましょう。

　2012年を例に取ります。2011年の暮れから2012年の正月にかけて、日本各地で多くの人が、餅を詰まらせて亡くなりました。

東京都

　東京消防庁によりますと、都内では、去年暮れの先月26日から1日の元日までの1週間に餅をのどに詰まらせて、いずれも70代以上のお年寄り13人が病院に運ばれました。このうち、先月28日には練馬区の82歳の男性が自宅で草餅をのどに詰まらせて死亡したほか、30日には日野市の101歳の男性が自宅で餅をのどに詰まらせて死亡したということです。
（後略）

▶NHKニュース2012年1月1日

正月三が日、都内で高齢者ら計30人が餅をのどに詰まらせて救急搬送され、このうち男性2人が死亡したことが東京消防庁のまとめで分かった。死亡したのはあきる野市の76歳と日野市の69歳で、いずれも自宅で雑煮などの餅を詰まらせて窒息死した。
　心肺停止など重体は14人、重傷は2人だった。年代別では、60代4人▽70代10人▽80代10人▽90歳以上6人──と高齢者が大半を占めた。（後略）

▶毎日新聞2012年1月5日

埼玉県
　狭山署は2日、狭山市内の無職女性（72）が餅をのどに詰まらせ死亡したと発表した。
　同署によると、女性は昨年12月31日午後5時ごろ、自宅で長男（44）らと餅を食べた後、呼吸ができなくなったという。長男が119番し病院に運ばれたが、翌1日夕、低酸素性脳症で死亡した。
　各地の消防によると、昨年12月30日〜今月2日、少なくともさいたま市と草加市の計5人が餅をのどに詰まらせ、病院に搬送された。うち2人が重症という。

▶毎日新聞2012年1月3日

愛媛県
　1日午前7時20分頃、愛媛県西条市の知的障害者入所更生施設で、入所している無職男性（47）が、雑煮の餅（直径約4センチ）をのどに詰まらせ、病院に運ばれたが、間もなく死

亡した。

▶読売新聞2012年1月5日

富山県

　県内で2日、高齢者が餅をのどに詰まらせる事故が相次ぎ、各消防によると、女性3人が病院に搬送された。

　2日午前8時55分頃、入善町の自宅で、80歳代の女性が餅をのどに詰まらせたと、家族が119番した。意識不明の状態で病院に搬送され、治療を受けている。

　このほか、富山市と朝日町でもそれぞれ70歳代の女性が餅を詰まらせ、救急搬送されたが、命に別条はないという。

▶読売新聞2012年1月3日

　3日午前7時50分頃、富山市の男性（78）が雑煮を食べていて餅を喉に詰まらせたと、家族から119番があった。

　富山中央署によると、男性は市内の病院に運ばれたが、死亡した。窒息死だった。

▶読売新聞2012年1月4日

福島県

　3日午前9時25分ごろ、会津美里町の80代の男性が自宅で餅を喉に詰まらせ死亡した。

　会津若松地方広域消防本部などによると、男性は意識不明の重体で、会津若松市の病院に運ばれたが死亡した。

▶KFB福島放送2012年01月04日

これは僕がネットで見つけたニュースですが、他にもニュースにならなかった窒息事故がかなりあると推測されます。

こうした悲劇は毎年毎年、日本各地で起きています。正月に集中していますが、もちろん雑煮やぜんざいは正月でなくても食べるので、正月以外でも大勢の方が亡くなっているでしょう。

先の消防庁のデータでは、平成18年、窒息事故595例のうち77例、つまり13%は餅によるものでした。しかし、これは消防庁のみの数字ですから、実際はもっと多いはずです。

一方、平成25年の政府統計では、この年に「気道閉塞を生じた食物の誤えん」（注・「誤えん」は、飲み込んだものが誤って気管に入ってしまうこと）で亡くなった方は4698人です。

▶政府統計の総合窓口／人口動態調査
http://www.e-stat.go.jp/SG1/estat/GL08020101.do?_toGL08020101_&tstatCode=000001028897

窒息事故の13%が餅によるものだとすると、4698人の13%、約600人が、餅をのどに詰まらせて亡くなったと推測されます。

それでも餅が規制されない理由

なぜこんにゃく入りゼリーにだけ「規制しろ」という声が上がるのでしょうか。規制するなら、何倍も危険で犠牲者数もはるかに多い餅の方でしょう。

ネットで検索してみると、僕と同じ意見の方を見つけました。

▶A Successful Failure／窒息死亡事故が多発する餅はなぜ規制されないのか？
http://blog.livedoor.jp/lunarmodule7/archives/1903072.html

第2章 こんにゃく入りカップゼリーの不名誉

　仮に餅が最近発明され、メーカーから大々的に売り出され、その食感、味が大ヒットしたとしよう。その一方で、年間1000人が餅を喉で詰まらせ死亡する事態になると、消費者庁はそのリスクについて注意を喚起し、専門家に依頼してリスクの分析、改善案についての検討をすすめるだろう。その結果として、粘性の高い餅は喉に窒息リスクが飴類の4倍とかつて無いほどに高く、リスク低減のために粘性を下げる品種への改良、大きさの縮小（複数一緒に焼かない！）、高齢者が食べないように商品態様及び販売方法の見直し、消費者への注意喚起その他もろもろ上記報告書よりも立派な報告書が出来上がるに違いない。餅は規制によって縛られ、現状とはかなり異なったものに成り変わるだろう。
　結局、餅が規制されず、こんにゃくゼリーだけが規制されるのは、それが昔から食されてきた伝統的な食べ物かそうでないかの違いだけだ。

　僕はこの意見に全面的に賛成します。
　人には未知のもの、新しいものを警戒する心理があります。「新しいものは危険」「昔からあるものは安全」と思ってしまうのです。
　そんなことはありません。餅は昔からあるものですが、毎年何百人もの命を奪っている危険な食品です。無視していいはずがありません。
　こんにゃく入りゼリーに関する消費者庁や食品安全委員会の活動にしても、お金や時間がかかっているはずです。その予算や時間を別のことに回せば、もっと多くの人命が救えたのではないで

しょうか？
　たとえば政府広報などで、餅による窒息事故の危険性をもっと強くアピールするべきです。無論、餅による死亡者をゼロにはできないでしょうが、1割減らすだけでも年間何十人もの命が助かることになるのですから。
　年間1.5人の犠牲者しか出ないこんにゃく入りゼリーを警戒するより、餅を警戒する方がはるかに有益です。

第 3 章

韓国産ラーメンを食べるとがんになる？
——こわい名前の化学物質、その正体は

この危険物質は何?

最初にちょっとしたクイズを。

まずは以下の文章をよく読んで考えてみてください。ネット上でけっこう有名になった話を、僕がアレンジしたものです。元ネタをご存知の方も多いかもしれません。

▶ネットマナー広場の雑記／ソディウムクロライドの危険性
http://lctree3.blog39.fc2.com/blog-entry-1238.html

　　ソディウムクロライド（Sodium Chloride）は、ソディウムとクロラインの化合物です。
　　ソディウムは他の物質と反応しやすく、水に触れると発火・爆発して、ソディウムハイドロキサイドという危険なアルカリ性の化合物を生じます。この化合物は毒物及び劇物取締法により、劇物に指定されています。
　　クロラインは常温では気体で、刺激臭を放ちます。強い毒性を持ち、人間が浴びると目や呼吸器の粘膜を刺激されて咳や嘔吐を催し、呼吸不全で死に至る場合もあります。かつてヨーロッパで毒ガスとして使用され、10万人もの死者を出したこともあります。金属や有機物を腐食させる性質もあり、オゾン層破壊の原因ともなっています。
　　このソディウムとクロラインが結合したのがソディウムクロライドです。
　　ソディウムクロライドの濃度が高い場所では、ほとんどの陸上植物が育ちません。多くの菌類も死滅します。金属を腐

食させるという特性もあります。
　人体にも害があります。人間に対する致死量は体重1kgあたりわずか0.5g〜5gです。死に至らない場合でも、ソディウムクロライドが過剰に体内に入ると、病気の原因となります。血圧上昇、胃炎、虚血性心疾患、心肥大、心不全、脳卒中、腎不全、視力障害、動脈硬化、動脈瘤などです。ソディウムクロライドの摂取量が多いと、胃がんになる確率が高くなるという研究結果もあります。
　殺人犯の体内におけるソディウムクロライドの平均濃度は、実に0.9％にも達するようです。
　これほど危険なソディウムクロライドですが、日本では劇物や毒物に指定されていません。それどころか、多くの食品にソディウムクロライドが調味料または保存料として添加されています。
　以前は政府系企業1社のみにしか製造販売が許可されていませんでした。しかし1985年から徐々に自由化され、1997年には一般企業が自由に扱えるようになりました。企業は毒性があることを知りつつも、食品等への添加を続けています。

さて、あなたはどう思われますか？
ソディウムクロライドは危険な物質なので、食品に添加するのをやめるよう、厚生労働省などに要求すべきでしょうか？

見出しだけしか読まない人たち

2012年10月、こんなニュースが流れました。

韓国産即席ラーメンに発がん物質　厚労省が回収指導

　韓国内の基準値を超える発がん性物質「ベンゾピレン」を含んだかつお節が即席めんや調味料に使われ、韓国内で自主回収されているとして、厚生労働省は26日、これらの食品を輸入した業者に回収を指導するよう自治体に通知した。厚労省は「微量で食べても影響はないレベルだが、韓国の回収を受けて対応することにした」としている。

　回収対象は基準値を超えた製造時期のかつお節が使われた即席めんや調味料で、韓国の大手食品メーカー農心の「ノグリラーメン」などを含む9製品。日本でも人気のある「辛ラーメン」は含まれていない。ベンゾピレンは食べ物の焦げにも含まれ、日本国内では基準値は設けられていない。

　韓国では食品医薬品安全庁が25日、基準値超えのかつお節を使った農心など4社に対し、11月10日までの回収を命じた。厚労省によると日本国内では30社が輸入し、流通量は不明だという。

▶朝日新聞デジタル2012年10月26日

　これがネットにアップされると、案の定、韓国への悪口のコメントがあふれかえりました。

「韓国・中国産の食べ物は信用できない」
「韓国の衛生基準は当てにならんと何回言ったら……」
「なんで大陸の大雑把な危ないもの食べる気になるのか」
「太古から悪い物は大陸から到来する。大陸は人間が多い分、

人の価値は低く、限りある資源の価値が高い」
「中韓の食品なんざ絶対食わんわ」
「韓国製品がクズなのは世界常識でしょ？、何をいまさら…」
「この国に食品衛生は存在しない」
「検疫なしで入ってくるから当然だよね」
「家にここのメーカーのやつあったから捨てるか」
「こんなもん食えるはずがないだろ。考えろよ」

　これらはネットで目についたコメントのほんの一部です。中には「【緊急拡散】韓国産辛ラーメン超危険！ 農心製品から発ガン性物質ベンゾピレン検出！ 絶対買うな！ 朝鮮人による日本人滅亡テロ計画か!」などというものすごいデマを堂々と流していたサイトもありました。「マスゴミは例によって一切報道していない」とも書いてありました。そもそも新聞で報じられたニュースなんですが（笑）。
　僕はこれらを読んで本当にあきれかえりました。
　みんな記事をちゃんと読んでいない！

「微量で食べても影響はないレベルだが、韓国の回収を受けて対応することにした」
「ベンゾピレンは食べ物の焦げにも含まれ、日本国内では基準値は設けられていない」

　そう、記事を最後まで読めば、検出されたベンゾピレンは人体に影響のない量であること、ありふれた物質であること、日本で

は規制されていないことが分かるはずなのです。

　ネットではこのように、記事の本文を読まず、見出しだけ見て反射的に反応してしまう人が大勢います。こういう人たちのメディアリテラシーはどうなっているんだろうかと心配になります。これではインチキなデマにもあっさり騙されてしまうのではないでしょうか。

「一級発がん物質」って何だ？

　この農心というメーカーは、以前から何度も異物混入事件を起こしていて、激しい批判を浴びています。その点について非難されるのは当然です。

　しかし、このベンゾピレン騒動については、「濡れ衣」と言っていいでしょう。まったく安全なものが「危険だ！」と騒がれたのですから。それをこれから説明しましょう。

　ベンゾピレンは多環芳香族炭化水素（PAHs）と呼ばれる化学物質の一種で、PAHsの中でも特に発がん性が高いもののひとつです。ベンゾピレンの毒性を1とすると、他のPAHsの毒性はほとんど0.1〜0.001の範囲です。

　ベンゾピレンを含むPAHsは、肉や魚のように脂質が多い食品を、高温で加熱すると発生します。化学物質の環境リスクについて研究している田中伸幸さんによると、受け皿のある網焼き器やフライパンで焼いた場合より、直火で焼いた方が、PAHsは100倍も多く発生するそうです。火に炙られて、食品の表面が高温になるためです。つまり肉をバーベキューにしたり、サンマをコンロで焼いたりすると、PAHsが多く発生するのです。

PAHsは種類によって発生量も毒性の強さも異なるのですが、それをベンゾピレンの毒性に換算して考えてみます（これを毒性当量と言います）。

　食品1gを直火で調理した場合、91.7ng（ng＝ナノグラム。1ngは10億分の1g）のベンゾピレンに相当する量のPAHsが発生するそうです。バーベキューで肉を100g食べたら、9170ng、つまり9.17μg（μg＝マイクログラム。1μgは100万分の1g）のベンゾピレンに相当するPAHsが体内に入るわけです。

▶FOOCOM.NET／調理と化学物質、ナゾに迫る
http://www.foocom.net/category/column/gas/

　韓国発のニュースでは、ベンゾピレンのことを「一級発がん物質」だと報じています。いかにも恐ろしそうに見える単語ですね。
　ところが、この「一級発がん物質」という言葉、定義を知ろうと検索してみても、なぜか韓国発のニュースしかヒットしません。どうやらこれは、国際がん研究機関(IARC)による発がん性リスクの分類、「グループ1」の**誤訳**であるようです。
　しかし、この分類は毒性の強さによるものではありません。

　グループ1：発がん性がある
　　　　　（Carcinogenic to humans）
　グループ2A：発がん性がおそらくある
　　　　　（Probably carcinogenic to humans）
　グループ2B：発がん性がある可能性あり
　　　　　（Possibly carcinogenic to humans）
　グループ3：発がん性が分類できない

（Not classifiable as to its carcinogenicity to humans）
グループ4：発がん性がおそらくない
（Probably not carcinogenic to humans）

▶IARC／List of Classifications
http://monographs.iarc.fr/ENG/Classification/index.php

　ちなみに、ベンゾピレンは以前、グループ2Aに分類されていましたが、IARCの2012年のデータではグループ1に昇格しています。確かな発がん性があることが証明されたようです。
　このグループ1には、危険そうな物質も多い反面、「アルコール飲料」「タバコの煙」「木材の粉塵」さらには「紫外線」なども含まれています。IARCの基準では、太陽の紫外線も「一級発がん物質」なのです。浴びすぎると皮膚がんになる危険があるからです。
　つまりこれは発がん性があるかどうかの可能性による分類なのです。グループ1だからといってグループ2より危険性が高いというわけではないのです。太陽の光や木材の粉塵を「危険だ」とこわがる人はいないはずです。

日常的に摂取している量だった

　ネットでは、ベンゾピレンが「動物実験では強い発がん性を持ち」などと書かれています。そこで、その動物実験のデータを探してみました。

▶有害性評価書／物質名：No.37 ベンゾ[a]ピレン

第3章　韓国産ラーメンを食べるとがんになる？

http://www.mhlw.go.jp/shingi/2009/02/dl/s0212-9f-10-2.pdf

　これによると、マウスの餌に体重1kgあたり5.2mg（mg＝ミリグラム。1mgは1000分の1g）のベンゾピレンを混ぜ、110日間投与した実験で、「前胃の乳頭腫及びがんが発生した」とあります。これは体重50kgの人間なら260mgに相当する量です。
　韓国での燻製乾燥魚肉食品のベンゾピレンの基準値は10ppbだそうです。このppbというのは濃度の単位で、1ppbは10億分の1の濃度です。10ppbはその10倍、1億分の1の濃度です。重量にすると、1kgあたり0.01mgです。
　韓国で基準値の超過が見つかったかつお節は、株式会社デワンが農心食品に卸していたもので、そこに含まれていたベンゾピレンは、10.6〜55.6ppbでした。最大の55.6ppbだとすると、その量は1kgあたり0.0556mg。**つまりこのかつお節を18kg食べて、ようやく1mgのベンゾピレンを摂取する**ことになるのです。
　そもそも18kgものかつお節を毎日食べることは不可能ですし、それでもマウスの実験でがんが発生した量の260分の1にすぎません。がんになるには明らかに少なすぎる量です。260mgも摂取しようとしたら、なんと4.6t（t＝トン。1tは1000kg）も食べねばなりません。
　しかも、基準値の10ppbを超過したのは、ラーメンの粉末スープの原料のかつお節粉末でした。それから作られた粉末スープのベンゾピレンの濃度は、2.0〜4.7ppbだったのです。スープにはかつお節以外の成分も混ざっているのだから当然でしょう。

▶農心ラーメンから発がん性物質検出、人体には…（注・原文はハングル

表記)
http://health.chosun.com/site/data/html_dir/2012/10/24/2012102401619.html

　仮に粉末スープに含まれるベンゾピレンの濃度を、最大の4.7ppbだとしましょう。これは10億分の4.7の濃度、つまり1kgあたり4.7μg（μg＝マイクログラム。1μgは100万分の1g）ですから、即席ラーメンの粉末スープの重量を10gぐらいだとすると、0.047μg（1gの2100万分の1）です。ラーメンのスープをすべて飲み干さなかった場合、摂取量はさらに少なくなります。
　先に、直火焼きの食品を100g食べたら、9.17μgのベンゾピレンに相当するPAHsが体内に入ると言ったのを思い出してください。0.047μgはその約200分の1です。バーベキューの肉や焼いたサンマの方が、はるかに「有害」ということになります。
　加熱された食品を通して、僕たちはよくベンゾピレンを摂取しています。環境省のデータも見てみましょう。

▶ベンゾ[a]ピレン - 環境省
（http://www.env.go.jp/chemi/report/h18-12/pdf/chpt1/1-2-2-22.pdf）

　この報告では、日本人が1日に食物から口にするベンゾピレンの量を、体重1kgあたり平均0.00044μg、最大で0.0014μgだとしています。体重50kgの人なら、平均0.022μg、最大0.07μgです。つまり0.047μgぐらいのベンゾピレンは、**日本人が日常生活で普通に口にしている量**なのです。
　こんなものを「超危険！」とか騒いでいたのですから、本当に滑稽ですよね。

日本のかつお節は韓国では基準値違反⁉

それだけではありません。同年11月22日の産経新聞には、こんな続報が載っていました。

> 日本では、いずれの食品にもベンゾピレンの基準値はなく、今回のラーメンが食品衛生法に違反しているわけではない。
> （中略）
> 農林水産省の調査では、ベンゾピレンについては日本のかつお節の多くが韓国の基準値を上回っている。韓国で基準値超のかつお節が日本では何の問題もなく使われていることになる。

▶産経新聞2012年11月22日（以下同じ）

何と、ベンゾピレンの量は日本のかつお節の方が多く、韓国では基準値違反だというのです。
本当かどうか、農林水産省のデータを見てみましょう。

▶有害化学物質含有実態調査結果データ集（平成15〜22年度）
http://www.maff.go.jp/j/syouan/seisaku/risk_analysis/survei/pdf/chem15-22.pdf

この189ページに、日本のかつお削り節に含まれるベンゾピレン（BaP）の量が書かれています。

50品目を検査したところ、最小値0.16μg/kg、最大値200μg/kg、平均値29μg/kgでした。

韓国の基準値10ppb（1億分の1の濃度）は、10μg/kg（1kgあたり100

万分の10g）ですから、最大値だけでなく、平均値でも軽くオーバーしています。

　かつお節は製造時に何度も熱を加えますから、ベンゾピレンが発生するのは当然です。日本のかつお節の方がベンゾピレンが多いというのは、韓国とは製法が違うのかもしれません。

　つまり、このニュースに「中韓の食品なんざ絶対食わんわ」「家にここのメーカーのやつあったから捨てるか」「こんなもん食えるはずがないだろ」「超危険！」などとコメントをつけていた人たちは、それ以上にベンゾピレンの入った日本製のかつお節を使ったラーメンのスープやだし汁を、普段から平気で飲んでいたことになります。

　記事によると、即席ラーメンのような加工食品に関しては、韓国でもベンゾピレンの基準値はないそうです。ただ、燻製の食品に関する基準値はあり、問題のかつお節はそれにひっかかった。そして、それをスープの原料に使っていたラーメンも回収された……ということのようです。

　記事はこう続きます。

　　韓国の食品医薬品安全庁も「食べても人体に影響しない」としているが、原材料のかつお節が基準値を超えていたため、その原材料を使った食品を回収。しかし、韓国内では「消費者に不安を与えた。科学的根拠によらない食品の回収は判断ミスではないか」との声も上がっているという。

　確かにこれは判断ミスだと僕も思います。問題のラーメンを流通させたところで、健康被害はまったく発生しなかったのですか

ら。

　むしろ、ラーメンに含まれているベンゾピレンの量をきちんと示して、焼き肉などと比較し、「これぐらいなら何の問題もない」と消費者に正しく説明すべきでした。

ジハイドロジェンモノオキサイドの恐怖

　今回の騒ぎの原因のひとつは、「ベンゾピレン」という名前が何となく恐ろしそうに見えたからではないでしょうか。しかも「発がん性物質」だというのですから。「こわい！」と思ってしまった人間が大勢現われたのも当然でしょう。

　僕も最初、ベンゾピレンがどんな物質か知りませんでした。しかし、少し検索すると、肉や魚の焦げに含まれていて、しょっちゅう口にしているもので、恐れる必要などないと分かりました。

　しかし、ほとんどの人は化学物質の名前で検索なんかしません。名前の印象だけで判断してしまうのです。

　それで思い出すのは、DHMO（ジハイドロジェンモノオキサイド）という物質の話です。

　1997年、米アイダホ州のグレーターアイダホフォールズ科学博覧会で、14歳の中学生ネイサン・ゾナーの研究が一等を受賞しました。彼は50人の人に、DHMOという物質を規制または全廃する嘆願書に署名するよう求めました。彼が説明したDHMOの性質は次のようなものでした。

・過度の発汗や嘔吐を引き起こす可能性がある。
・酸性雨の主成分である。

・気体の状態では重度の火傷を引き起こす可能性がある。
・誤って吸入すると死ぬことがある。
・地形の浸蝕を引き起こす。
・自動車のブレーキを効きにくくする。
・末期癌患者の腫瘍から発見されている。

　こうしたことを説明したうえで、ネイサン少年がこの化学物質を禁止することを支持するかどうか質問したところ、43人が「イエス」と答え、6人が判断を保留しました。
　それがいわゆる「水」と呼ばれる物質であることに気がついたのは、50人中1人だけでした。名前をよく見れば、「Di（2を意味する接頭辞）」＋「hydrogen（水素）」＋「Mono（1を意味する接頭辞）」＋「oxide（酸素）」で、一酸化二水素、すなわちH_2Oであることが分かるはずなのですが。
　ちなみにネイサン少年の研究の題は、「私たちはいかにだまされやすいか?」というものでした。

大さじ2杯の塩で死ぬ

　さて、ここまで読んでこられたら、あなたにも冒頭の「ソディウムクロライド」の正体の見当がついてきたのではないでしょうか。
　「ソディウム」とはナトリウム、「クロライン」とは塩素のこと。その2つの元素が結合してできた物質は塩化ナトリウム──つまり「塩」です。
　ナトリウムが水に触れると反応して爆発し、ソディウムハイド

ロキサイド（水酸化ナトリウム）を生じるのも、塩素が第一次世界大戦中に毒ガスとして使われたことも事実です。

殺人犯の体内に含まれるソディウムクロライドの平均濃度が0.9％というのも本当です。殺人犯に限ったことではなく、人間の体内には0.9％の塩分が含まれているのですから。

「なあんだ」と安心しないでください。塩はけっこう危険な物質なのです。

公益財団法人日本中毒情報センターのデータベースによると、塩の致死量は体重1kgあたり0.5〜5g。体重50kgの人なら25〜250gです。ちなみに大さじ1杯の塩が16gなので、**大さじ2杯の塩をなめると死ぬ危険がある**ことになります。

▶公益財団法人 日本中毒情報センター
http://www.j-poison-ic.or.jp/homepage.nsf

当然、塩のいっぱい入っている醤油も危険です。醤油の致死量は、体重1kgあたり2.8〜25ml。体重50kgの人なら140〜1250ml。つまり1リットル（1000ml）のペットボトル1本分も醤油を飲んだら、死ぬ可能性がきわめて高いのです。コップ1杯（180ml）でさえ危険です。

同様に、味噌も塩分が含まれているので危険です。塩分は甘味噌で6〜8％、辛味噌で10〜13％だそうですから、仮に10％とすると、致死量は250〜2500gです。パック入りの味噌ひとつ分をまるごと食べると死ぬ危険があります。

よく自然食品派の人に危険視される化学調味料（うま味調味料）はどうでしょうか。その主成分であるグルタミン酸ナトリウムは、ラットを使った実験では、体重1kgあたり16.6gを摂取すると半数

が死亡します。体重50kgの人なら830g……おや、塩よりもかなり安全ですね。ただ、化学調味料に関しては人によって感受性が違うようなので、やはり大量に使うべきではないでしょうが。

　もちろんこれらは、一度に食べた場合の致死量です。1本の醤油、1パックの味噌を、何十日もかけて分けて使う分には、何の問題もありません。自殺を目論んで故意に大量摂取しない限り、死ぬようなことはありません。ただ、その気になれば、台所にある普通の調味料でも、人は死ねるのです。

　しかし、ほとんどの人は、塩をそんな危険な物質だとは思っていないはずです。どうしてでしょうか？

　その理由は、その名前に対する親しみにある、と僕は思います。

　人は塩とか水というものをよく知っていて、普段から親しんでいます。肉や魚の焦げた部分も平気で食べます。だから危険だとは思わない。

　しかし、「ソディウムクロライド」とか「ジハイドロジェンモノオキサイド」とか「ベンゾピレン」という聞き慣れない名前には警戒し、実際以上に危険視してしまうのです。

　言うまでもないことですが、ある名前に対して人が覚える親しみは、その危険性とは何の関係もありません。「聞き慣れた名前だから安全」「聞き慣れない化学物質だから危険」などということは、まったくないのです。

第4章

中国産食品、買ってはいけない？

——危険を大げさに煽る人々

『買ってはいけない』ふたたび

　1999年、『買ってはいけない』(『週刊金曜日』ブックレット)という本が出版されました。船瀬俊介(消費・環境問題研究家)、三好基晴(臨床環境医)、山中登志子(編集者)、渡辺雄二(科学評論家)の4人の共著で、食品、洗剤、化粧品、薬品などの商品名を具体的に挙げて、それらにどんな危険性があるかを訴える内容でした。この本は大きな反響を呼び、発売から5ヵ月で180万部も売れる大ベストセラーになりました。

　しかし同時に、**その内容があまりにもデタラメ**だというので激しい批判を受け、日垣隆『「買ってはいけない」は嘘である』(文藝春秋)をはじめ、『「買ってはいけない」は買ってはいけない』(夏目書房)、『本当に「買ってはいけない」か!?』(ビジネス社)、『「買ってはいけない」大論争』(鹿砦社)、『週刊金曜日対月刊文芸春秋「買ってはいけない」喧嘩』(KIBA BOOK)など、批判を掲載した本が短期間に何冊も出版されました。僕も『トンデモ本の世界R』(太田出版)や『ニセ科学を10倍楽しむ本』(楽工社)で取り上げたことがあります。

　いったいどのようにデタラメだったのでしょうか?
『買ってはいけない』の著者たちは、市販の食品や飲料などの実名を挙げ、これに使われている着色料や保存料はこんな害があることが証明されている……と消費者を脅します。しかし実際には、それらの添加物はすべて、決められた基準値を守って使用されています。つまり安全なのです。

　たとえば、サントリーのザ・カクテルバーに使われている赤色

106号や青色1号といった着色料は、動物実験によって害が出たと主張されています。しかし、その動物実験のデータというのは、赤色106号の場合はラットの餌に1%も混ぜて20ヶ月も続けて食べさせるという極端なものですし、青色1号の場合は餌に混ぜたのではなく、3%の水溶液をラットに2年間も皮下注射を続けたというものです。

そもそもこうした動物実験というのは、その物質をどれだけ投与したら害が出るかを調べるものです。与える量をいろいろと変えて、「これだけの量でこういう害が出た」という結果が出るまでやるのです。

第3章で述べたように、この世に存在する物質はどんなものでも、わずかなら無害で、大量に摂取すれば害になります。ただの塩でさえ、大量に摂取すれば死にます。

つまり動物実験で「害が出た」という報告が存在するのは当たり前なのです。重要なのは害になるのはどれぐらいの量か、食品にどれだけ含まれているかです。

とても摂取できない量

ラットの餌に1%も混ぜるということは、人間に換算して考えてみると大変な量です。仮にあなたが1日に800gの食事をするとしたら、同時に8gの赤色106号を摂取することを意味します。

ちなみに厚生労働省は、日本人の食塩摂取量の目安を1日10g未満としています。仮に赤色106号ではなく塩を1日に8g（大さじ半分）も余分に摂り続けたとしたら、確実に塩分過剰になり、健康を害するでしょう。

しかもこうした着色料というのは、何万倍にも薄めて使用されるもので、原液のまま口にすることはありません。ザ・カクテルバーに含まれている着色料が8gも体内に入るためには、何百リットルも飲まなくてはいけないことになります。**着色料による害が出るよりも先に、急性アルコール中毒で死ぬのは確実です。**

　そんなのは日常生活では絶対に摂取不可能な量です。厚生労働省の定めた基準値をクリアーしているのですから、当たり前ですが。

　取り上げられている他の食品や飲料についても、同じことが言えます。

　たとえば「オレンジ」の項では、輸入オレンジに使われている防カビ剤OPPについて、「OPPを1.25％含んだ飼料をラットに与え続けると83％に膀胱がんが発生した」と書かれています。これだけ読むと恐ろしそうに見えますね。

　しかし、1日に800g食べる人なら、1.25％というのは10gです。オレンジなどの柑橘類に使用されるOPPの基準値は、1kgあたり0.01gですから、**10gのOPPを摂取しようとしたら、オレンジを1日に1000kgも食べなくてはなりません。**

　しかも防カビ剤というのは皮の上からスプレーするものですから、果肉には含まれていません。普通にオレンジの皮を剥いて食べるなら、体内に入ることはないのです。

　「ウナコーワ虫よけスプレーS」の項では、含まれるディートとサイネピリンという物質について、「ディートをマウス（ハツカネズミ）に体重1kg当たり1.17g経口投与すると、その半数が死んでしまう」「サイネピリンの場合、マウスに体重1kg当たり1g投与すると、半数が死亡する」と書かれています。

さて、3章で「塩の致死量は体重1kgあたり0.5〜5g」と書いたことを思い出してください。つまり**ディートやサイネピリンの致死量は塩と大差ない**のです。

しかもウナコーワ虫よけスプレーSに含まれるディートは、1mlあたり35mg。つまり3.5%です。それに対し、薄口醤油に含まれる塩分は18〜19%です。

つまり毒性で比較すると、**醤油は虫よけスプレーより危険**と言えるのです。

酒の危険はどうでもいい？

他にも『買ってはいけない』には、ワインに酸化防止剤として亜硫酸塩が入っていると警告しているページもあります。

しかし、ワインは雑菌の繁殖や酸化によって変質しやすいので、品質を保つため、亜硫酸塩の使用が不可欠なのです。実際、世界のワインのほとんどは亜硫酸塩を使用しています。

さて、おかしいと思いませんか？　酒に含まれる最も有害な物質と言えば、アルコールに決まっているではありませんか。

東京消防庁によると、2012年、急性アルコール中毒のために救急車で搬送された人は、1万1976人（男性7685人、女性4,291人）もいるそうです。うち39人が重症で、生命の危険がありました。年齢層で見ると、20代がダントツに多く、5443人もいます。

年間約1万1000人前後という数字は、ここ数年、ほとんど変わっていません。月別で見ると、急性アルコール中毒が最も多いのは、やはり忘年会の多い12月、その次が花見や新歓コンパの季節の4月だそうです。

▶東京消防庁／他人事ではない急性アルコール中毒
http://www.tfd.metro.tokyo.jp/lfe/kyuu-adv/201312/chudoku/

　飲酒運転はどうでしょう？
　交通事故、特に飲酒運転による死者は、この20年ほどで激減しています。1990年代には、飲酒運転による交通事故で、毎年1200〜1500人もの人が亡くなっていました。その後、取り締まりが強化されたこともあってか、2013年には238人にまで減っています。それでもまだ、大勢の人が酒のせいで亡くなっていることは確かです。

▶警察庁／飲酒運転による交通事故関連統計（平成25年中）
http://www.npa.go.jp/koutsuu/kikaku/insyuuten/statistical_chart_table.pdf

　そう、酒はとても恐ろしいものなのです。
　人間にとって有害な物質を少しでも含んでいる飲食物を「買ってはいけない」と言うのなら、酒そのものを「買ってはいけない」と言わなければならないはずです。しかし、『買ってはいけない』の著者たちはそんなことは言いません。船瀬俊介氏は「日本酒は、日本文化の粋である」と褒め称えていますし、渡辺雄二氏もワインを飲むと書いています。
　彼らにとって気になるのは、酒にほんの少し含まれている着色料や酸化防止剤の害だけで、げんに多くの死者を出しているアルコールの害はどうでもいいらしいのです。
　誤解なきように。僕は「酒を飲んではいけない」とは言いません。僕自身は肝臓が弱いので酒を飲みませんが、他の人が酒を飲むのは止めません。飲みすぎると害があることを自覚したうえで、ほどほどに飲むのならかまわないと思います。

そして、アルコールの害が出ないほどの少量の飲酒であれば、アルコールよりずっと危険性の少ない着色料や酸化防止剤の害も、心配する必要はありません。

みんな忘れっぽい？

　2014年7月、中国の上海福喜食品（アメリカのOSIグループの子会社）の食品加工工場で、大がかりな食品偽装が行なわれていたことが発覚しました。上海の衛星テレビ「東方衛視」の報道番組が、元従業員の内部告発を受けて潜入取材したところ、床に落ちた肉を従業員が製造ラインに戻したり、消費期限を半年もすぎて青く変色した肉をミンチにして出荷していたことが判明したのです。

　上海福喜食品はマクドナルドやファミリーマートとも取引があったため、日本でも騒ぎが広まりました。ネット上で批判の声が湧き上がったのはもちろん、マスコミもこの事件を大きく報じました。

　ネットをウォッチングしていて気になったのは、「こんな不祥事が起きたのは中国だからだ」と思いこんだ人が多かったことです。日本ではこんなことは起きるはずがないと。

　「みんな忘れっぽいんだなあ」と僕は思いました。彼らはつい最近、日本でも多くの食品偽装事件が起きて、世間を騒がせたことを覚えていないようなのです。

　2007年、北海道のミートホープ社が20年以上前から続けてきた大がかりな食品表示偽装が、朝日新聞の取材で明るみに出ました。外国産の肉を国産と偽ったり、消費期限を偽装していたばかりでなく、上海福喜食品と同様、消費期限が切れて腐りかけた肉をミ

ンチに混ぜて売っていたのです。
　この事件をきっかけに、他の企業の賞味期限・消費期限の偽装や産地偽装も、次々に発覚しました。船場吉兆、赤福餅、石屋製菓の「白い恋人」……覚えてますか？
　2013年には日本各地の高級ホテルで、以前から食材偽装が日常的に行われていたことが判明し、大きな問題になっています。
　こうしたことが起きているのは日本だけではないようです。上海福喜食品の親会社であるアメリカのOSIの工場でも、同様の不祥事が起きていたことが報じられています。

「毒食肉」の源はアメリカ？

　（前略）先週まで6年間、ウェストシカゴにあるOSIの巨大な食肉加工工場で働いていたローザ・マリア・ラミレスは「床に落ちた肉を拾って生産ラインに戻すのは日常茶飯事」だった、と言う。
　それどころか「肉に唾を吐いたり、顔の汗が垂れるままにしたり、かんでいたガムをうっかり落としても見つからなければそのままにした。生産エリアに入る従業員は全員手を洗うことになっているが、ほとんど誰も洗わない」と言う。
　ラミレスの話は、匿名を条件に取材に応じた元従業員の話とも一致する。生産ラインのチームリーダーをしていた元従業員も、食品安全や労働法上の違反は「毎日のように」行われていた、と語る。「誰かが床に落ちた肉をラインに戻したらすべての肉を捨てる規則だが、上司に言っても相手にされなかった」

▶『ニューズウィーク日本版』2014年8月5日号

恐怖を煽る週刊誌

　上海福喜食品の事件が起きた直後、以前から中国産の食品の危険性を批判していた『週刊文春』は、すぐに特集を組みました。その見出しはこういうものです。

本誌告発スクープから1年余
中国チキンの恐怖
上海マクドナルド食肉工場従業員の告白
「腐った手羽先に消毒スプレー。どうせ自分が食べるものではない」
鶏のエサに含まれる有機塩素には発がん作用が！
本誌記者は見た！羽も広げられない抗生物質浸けの鶏

▶『週刊文春』2014年8月7日号

　さらに『週刊文春』は、中国産食品が学校給食にも使われていると告発、大々的なキャンペーンを繰り広げました。

あなたの子どもが知らずに食べている
学校給食に中国食材！　保存版リスト付
東京・神奈川68全市区を独自調査
子どもに大人気［クラムチャウダー］［春雨サラダ］にも
食品衛生法違反の常連［あさり］［いか］［マッシュルーム］
も多用

［杉並区］17品目［中野区］7品目［大田区］6品目［八王子市］5品目
　［世田谷区］では「使う学校」「使わない学校」で二極化
　給食レシピ本が話題の［足立区］でも［ハヤシライス］などに9品目
　［町田市中学校］では［鶏肉のおろしがけ］ほか4皿の日も
　横浜市［元調理員］が衝撃告白「［ひじき］にはゴミが…」

▶『週刊文春』2014年10月23日号

大反響！　学校給食に中国食材！
警告キャンペーン②
●全国最多37品目［福岡市］大人気「鶏レバー」は中国
●［広島市］22品目、［仙台市］16品目、［さいたま市］は未回答
●舛添［都知事］黒岩［神奈川県知事］は「市区が判断」と責任逃れ
本誌先週号を受けて杉並区は中国産使用を中止。調査は全国へ！
全国政令指定都市を独自調査　保存版リスト付

▶『週刊文春』2014年10月23日号

　いやはや大げさですね。子供たちが今まさに、ものすごい危険に囲まれているかのような論調です。
　考えてみれば、日本はもともと食糧の多くを輸入に頼っている国です。食糧自給率が重量ベースで28％しかありません。72％は海外からの輸入なのです。

2013年に日本が海外から輸入した食品は3100万トン。そのうち、件数で約30％、重量にして約13％が中国からのものです。だから中国産食品が給食にも入っているのは、何もスキャンダラスなことではなく、当たり前のことです。
　当然、記事を読んで不安になった保護者も多いらしく、杉並区や足立区では、「当面、（学校給食で）中国産の食材を使用しない」と宣言しています。

中国産食品、実は安全！

　こうした風潮に対し、産経新聞は11月3日、「『安全、科学的に考えて』　学校給食で中国産食材排除の波紋」という記事を載せました。

> 　厚生労働省輸入食品安全対策室の三木朗室長は「中国産だけでなく輸入食品については、安全性確保のため、輸出国に対して日本の食品衛生規制の周知を図るとともに、輸入時に検査も実施している」と説明する。
> 　同省の「平成25年度輸入食品監視統計」で輸入食品の食品衛生法違反の件数をみると、輸入と検査の件数自体が多い中国の違反件数が244件と多い。だが、違反の割合をみると、中国は0.3％。これに対して米国は0.91％、タイが0.62％で、中国はこれらの国よりも低いのだ。

▶『産経新聞』2014年11月3日

　記事の中では、食の安全・安心財団（東京都港区）の唐木英明

理事長の、こんなコメントも紹介されています。
「安全性については、科学的データで考える必要がある。中国産が国産や他の外国産に比べて危険というデータはないのです」
「学校給食から中国産食品を排除するのは、科学のデータに基づいた措置とはいえない。食料自給率の低い日本で、中国産を完全に排除するのは困難」
　実は僕はこの事件が起きる前、2014年の1月に、興味を抱いて厚生労働省のデータを調べてみたことがあります。『産経新聞』で用いられていたのは平成25年度（2013年）のデータですが、僕が調べた時にはまだ出ていなかったので、平成24年度（2012年）のデータを用いました。

▶厚生労働省／平成24年度輸入食品監視統計
http://www.mhlw.go.jp/topics/yunyu/dl/h24-toukei.pdf

　この3ページ目、「5.生産・製造国別届出・検査・違反状況」には、こう書かれています。

　　国（地域を含む）別の届出件数をみると、中国の650,431件(29.8％：総届出件数に対する割合)が最も多く、次いでアメリカの234,245件(10.7％)、フランス 210,978件(9.7％)、タイ155,770件(7.1％)、韓国146,982件(6.7％)、イタリア105,950件(4.9％)の順であった。
　　また、違反状況をみると、中国の221件(21.0％：総違反件数に対する割合)が最も多く、次いでアメリカの190件(18.0％)、ベトナム 103件 (9.8％)、タイ84件(8.0％)、インド63件(6.0％)の順であった。

第4章　中国産食品、買ってはいけない？

　はい、『週刊文春』の記事が目に浮かぶようですね（笑）。「輸入食品の中で違反が最も多いのは中国からの輸入食品で、平成24年だけで221件もの違反が発見されている」と。

　でも、この数字を見ると、すぐに別のことに気づきます。中国の3分の1ぐらいしか輸入していないアメリカの食品が、中国より違反件数が少し低いだけ——**つまりアメリカの食品の方が違反率が高い**のです。

　計算してみましょう。「表5　生産・製造国別の届出・検査・違反状況」から、違反件数の多い10ヶ国を選び、違反件数を検査件数で割ってみました。（届出件数で割るより検査件数で割った方が公正だと思うので）

国名	違反件数／検査件数	違反率
中国	221／98424	0.22%
アメリカ	190／23572	0.81%
ベトナム	103／13984	0.74%
タイ	84／11819	0.71%
インド	63／2435	2.6%
イタリア	40／7343	0.54%
韓国	37／8213	0.45%
スペイン	24／1858	1.3%
カナダ	23／2327	0.99%
ブラジル	20／1953	1.0%
総計（世界平均）	1053／223380	0.47%

一目瞭然ですね。よく嫌韓の人たちが「危険だ」「買うな」と騒いでいる韓国からの輸入食品の違反率は0.45%で、ほぼ世界平均に近く、アメリカやカナダの約半分。やはり「危険だ」と言われている中国からの輸入食品の場合、違反率は韓国のさらに半分です。
　そう、厚生労働省のデータで見ると、**中国からの輸入食品はきわめて違反が少なく、安全なのです。**

利潤追求のために安全を重視する

「そんなバカな！　げんに中国では食品偽装や健康被害がたくさん起きているじゃないか！」
　そう言われるかもしれません。その通り。中国国内では多くの危険な食品が流通していますね。中国に旅をして、現地の食品を口にする時には、用心が必要です。
　しかし、「中国の食品」と「中国からの輸入食品」はぜんぜん違うものなのです。
　『ニセ科学を10倍楽しむ本』でも書きましたが、中国からの輸入食品は、生産国は中国であっても、日本と中国の合弁企業や、日本の大手食品会社の自社管理農場で作られているものがほとんどなのです。当然、それらの安全基準は、日本の基準に合わせて作られています。
　基準値を違反した食品は輸入できません。日本企業は利潤追求のため、安全基準を守らせるでしょう。
　実際、科学ジャーナリストの松永和紀さんも、中国国内の日本企業の食品工場を取材し、こう書いています。

第4章　中国産食品、買ってはいけない？

　長年、中国と取引し、「金も出すが口も出す」と中国各地にグループ工場や協力工場を抱えるとある日本企業の品質保証部長は、「製品の検食を、従業員にもやってもらっている」と言います。食品が適切に作られているかどうか確認するために、食品工場は必ず食べて確認します。「従業員も交代、抜き打ちで食べる当番が回ってくるようにする。自分が食べるかも、自分の仲間が食べるかも、と思ったら、へんな材料は入れませんよ」。

　（中略）

　そもそも、食料貿易にあたっては、「輸出国側が、輸入国の規格・基準に合わせる」というのは基本のキ。なぜなら、国によって細かな規格や基準は少しずつ違っていたりしますから、輸出国の法律だけ守っていると、輸入国の港で「基準違反！ ストップ、廃棄」ということになり、大損害を被ります。

　したがって、中国でも日本の農薬取締法や食品衛生法を守って作ってもらおう、と考えるのが、日本のメーカーや商社にとっては当たり前のことです。

　日本の輸入検疫は、違反が見つかると輸入事業者の名前が即座にウェブサイトで公表され、報道されてしまいます。大手商社もメーカーも、どんなに微々たる基準超過であったとしても、公表されます。社会的な制裁の程度が高いのです。実は、国産食品はそのあたりが緩くて、検査数は輸入食品に比べて圧倒的に少ないですし、検査で違反が見つかっても生産者名やJA等が明らかにならないケースも間々あるのです。

それはともかく、輸入食品を扱う日本のメーカーや商社は、違反を出してしまうと自分達がダメージを受け、社会的な信用を落とし経営リスクまで出てきてしまうので、海外での生産には注意し、指導や監視を手厚く重ねているのが実情です。作業マニュアルを守らせることは当然ですが、工場で着替えや作業着の身につけ方、手洗いの仕方から、繰り返し何度も教えます。
　中国批判の週刊誌記事等では、中国の衛生管理レベルがいかに低く、また、不正がまかり通っているかを書き、だから「日本に入ってくる中国産は危ない」と主張するわけですが、そこが実際とはずれています。日本の企業の多くは、自分達の立場を守るために、必死になって中国を指導して、日本の法律を守って作られた食品を輸入しているのです。

▶日本に輸入される中国産　十把一絡げ批判のナンセンス
http://wedge.ismedia.jp/articles/-/4094（以下同じ）

　どうでしょう？　『週刊文春』の「腐った手羽先に消毒スプレー。どうせ自分が食べるものではない」という記事とは、ずいぶん違いますね。僕としては厚生労働省のデータに裏付けられた松永さんの主張の方を信じます。
　もちろん、違反率はゼロではありませんから、絶対安全とは言えません。しかし、他の国の食品に比べ、中国からの輸入食品が安全なのは確かです。
　松永さんの記事にはこんなグラフも載っています。
　中国産食品の違反率が、ここ数年、減少に向かっていることが分かりますね。

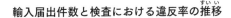

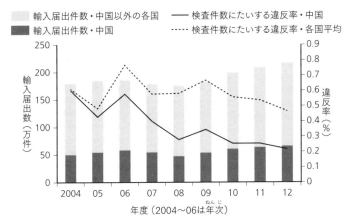

▶http://wedge.ismedia.jp/articles/-/4094?page=3 を忠実に再現

中国食品を追放するとかえって危険？

　2012年のデータから、違反件数の多い輸入品の内訳も見てみましょう。中国からの輸入品で、違反件数が10件以上あるものは次の通りです。

品目	違反件数／検査件数	違反率
水産動物（冷凍）	13／2588	0.50％
野菜（冷凍）	24／11003	0.22％
冷凍食品	10／4875	0.21％
ピーナッツ製品	13／3082	0.42％
器具・合成樹脂製のもの	15／768	2.0％

意外や、いちばん違反率が高かったのは食品ではなく、合成樹脂製の器具でした。
　中国からの輸入食品で最も違反率が高いのは、水産動物の冷凍食品。それも世界平均に近い0.5％です。
　他の国とも比較してみましょう。違反率が高いのはこういう食品です。

品目	輸出国	違反件数／検査件数	違反率
うるち米	タイ	18／76	23％
小麦	アメリカ	13／59	22％
とうもろこし	アメリカ	102／2574	3.9％
えび類	インド	32／958	3.3％
カカオ豆	ガーナ	18／546	3.3％
非加熱食肉製品	スペイン	10／459	2.2％
その他の野菜	タイ	19／914	2.1％
水産動物（冷凍）	タイ	19／1406	1.3％

　タイとアメリカの違反率の高さが際立っていますね。
　すでに述べたように、日本は食料の多くを輸入に頼っていますから、給食に外国産の食材が混じるのはしかたのないことです。もし給食に中国産の食材をまったく使わないのであれば、中国以外の国——中国より違反率の高いアメリカやタイやベトナムからの輸入食品に頼るしかありません。
　つまり**学校や保護者の方たちが「中国の食品は危険だ」と思いこんで忌避したら、かえって違反率の高い国の食品を子供に食べさせることになる**、ということです。

毒入り餃子事件の衝撃

　とは言うものの、実はこうした食品の基準値違反は、そんなに目くじら立てて追及するような問題ではないのです。
　思い出してみてください。そもそも、こうした輸入食品で健康被害が発生した例が、いったい過去にいくつあるでしょう？　ほとんどないはずです。
　というのも、こうした基準値というのは、動物実験で定められた無毒性量（毎日食べ続けても害が出ない量）の、さらに100分の1が基準になっているからです。
　たいていの場合、食品の基準値違反というのは、基準値より少し多いか、せいぜい数倍というレベルです。無毒性量に届かないので、健康に害が出る心配はまったくありません。仮に基準値を100倍も超える違反食品が出回ったとしても、1回か2回、口にしたぐらいでは、何も起きないでしょう。
　近年、輸入食品で大きな健康被害が発生した例というと、2007年月の「毒入り餃子事件」ぐらいです。
　この年の12月28日、千葉県千葉市で、冷凍餃子を食べた主婦と2歳の女の子が、嘔吐や下痢を催し、病院に運ばれました。翌年1月5日にも、兵庫県高砂市で3人が、1月28日には千葉県市川市で5人が、餃子を食べて中毒症状を起こし、入院しました。餃子は日本ジェイティフーズが中国の天洋食品から輸入、日本生活協同組合が販売していたものでした。
　母娘が食べた餃子を千葉県警が分析したところ、有機リン系殺虫剤メタミドホスを検出しました。それも皮から1490〜1万

7680ppm、具から410〜1万9290ppmという高濃度でした。

メタミドホスは危険なために日本では使用禁止、中国でも2007年１月から使用禁止になっている農薬です。偶然に混入したとは考えにくく、早いうちから、何者かが故意に混入した可能性が疑われていました。

2010年3月、天洋食品の従業員男性が逮捕され、餃子の袋に注射針を刺してメタミドホスを混入していたことを認めました。男は危険物質混入罪に問われ、2014年1月、中国の裁判所で、無期懲役の判決を受けています。

僕は『ニセ科学を10倍楽しむ本』の中でこの事件に触れ、こう書いています。

パパ「でも、それは残留農薬とは別の問題だろう？　日本でも1977年の青酸入りコーラ事件とか、1984年のグリコ森永事件とか、1998年の和歌山の毒入りカレー事件とか、食品に毒を入れる事件は何度も起きている。たしかに恐ろしい話だけど、中国食品だけ警戒しても意味はないよ」

その後、2013年の11月から12月にかけて、マルハニチロホールディングスの子会社であるアクリフーズの群馬工場で生産された冷凍食品に、農薬のマラチオンが混入されるという事件が起きてしまいました。幸い、マラチオンの毒性はあまり強くなく、健康を害した人はいませんでした。犯人は翌年1月に逮捕され、懲役3年6ヶ月の刑が確定しています。

今後もこうした事件は起きるかもしれません。これればかりは予想がつかないので防ぎようがないですね。

何にせよ、「中国食品だけ警戒しても意味はない」というのが証明されたわけです。

野菜の浅漬けの危険性

そもそも食品の安全性について考えるなら、添加物や残留農薬よりはるかに重視すべき問題があります。

2014年7月26日、静岡市の安倍川花火大会で、大きな食中毒事件があったことをご記憶の方も多いでしょう。露店商の販売していた浅漬けの冷やしキュウリを食べた客510人が、腸管出血性大腸菌O157による食中毒症状を起こし、うち114人が入院しました。

僕も以前、祭りの屋台で浅漬けのキュウリを買って食べたことがあるので、このニュースはショックでした。

実はこうした野菜の浅漬けによる食中毒は、以前から何度も起きていました。いずれもO157が原因です。

2000年6月、埼玉県の老人保健施設で集団胃腸炎が発生。7名が発症し、3名が死亡しました。原因は朝食に提供されたカブの浅漬けでした。

2001年8月、埼玉県の全寮制の児童自立支援施設で13名が発症、他にも、埼玉県で6名、東京都で10名が発症しました。原因は埼玉県で製造された和風キムチ（国産白菜のキムチ風味の浅漬け）でした。

2002年6月、福岡市の保育所で、園児、職員、園児の家族ら112名が発症し、20名が入院。うち11名は溶血性尿毒症症候群を併発し、6名に脳症の合併症が認められました。原因は給食に使われたキュウリの浅漬けでした。

2012年8月、北海道の11箇所の高齢者施設で、計105名がO157に感染する集団食中毒がありました。うち87名が入院、7名が死亡しています。原因は漬物会社が製造した「白菜きりづけ」でした。他にもスーパー、ホテル、飲食店などにも流通しており、40名の入院患者が出ていたことも明らかになりました。そのうち、スーパーで購入した漬物を食べた4歳の女の子が死亡しています。

▶一般財団法人　東京顕微鏡院／漬物による腸管出血性大腸菌O157食中毒と課題について
http://www.kenko-kenbi.or.jp/science-center/foods/topics-foods/5779.html

　なぜ野菜の浅漬けは危険なのでしょうか？
　浅漬けを作る際には、まず野菜を水洗いして、次亜塩素酸ナトリウム溶液に浸けて消毒、それをさらに洗浄して調味液に浸けることになっています。この時、洗浄や消毒が十分でないと、野菜に付着した菌が調味液の中で繁殖してしまうのです。
　もちろん食中毒の原因になるのは浅漬けだけではありません。毎年、1000件前後の食中毒事件が起き、2万人以上の患者が出ているのです。
　2010年のデータを見ると、食中毒事件の総数は1254件、患者数は2万5972人でした。うち魚介類（貝類、ふぐなど）が723人、魚介類加工品（練り製品など）が481人、肉類およびその加工品が852人、卵類およびその加工品が336人、野菜およびその加工品が788人……。

▶厚生労働省／食中毒統計調査
http://www.mhlw.go.jp/toukei/list/112-1.html

さて、どうでしょう？　『買ってはいけない』の著者たちや『週刊文春』が警告している保存料や着色料の害など、比べものにならない危険性ではありませんか。
　なのになぜか、こうした食中毒よりも、添加物や残留農薬や放射能の方を気にする人が多いのです。
　どうも多くの人には、「自然のものは安全」「人工のものは危険」という根拠のない思いこみがあるようです。放射性物質や化学物質を恐れる心理もそうですが、食中毒の多くは、O157や腸炎ビブリオやノロウイルスのような微生物、フグ毒のテトロドトキシン、ある種の植物に含まれるアルカロイド、あるいはカビ毒など、生物によって起きるものなので、なんとなく「自然だから安全」と思われているのではないでしょうか。
　そんな思いこみは捨ててください。人間の「食の安全」を脅かし、最も大きな健康被害をもたらしているのは、自然界の生物です。

第 5 章

暴走"ロリ男"は増えてない
―― アニメやゲームに対する偏見

前代未聞のマヌケな誘拐事件

　2012年9月4日、広島市西区の路上で、塾帰りの小学校6年の少女が男にナイフで脅され、旅行かばんに詰めこまれて、タクシーで連れ去られそうになるという事件がありました。トランクから物音が聞こえることに気づいた運転手が犯人を取り押さえ、少女も助けられました。犯人である元大学生は、のちに懲役4年の実刑判決を受けています。

　僕はこのニュースを聞いた瞬間、「頭悪い！」と思いました。どこの世界に被害者を連れ去るのにタクシーを使う誘拐犯がいるんだと。かばんの中の女の子が声を出したら一発でバレてしまうと、なぜ思わなかったのでしょう？（実際、そうなったわけですが）

　少女が覚えたであろう恐怖を思えば、こんなバカな犯人に同情の余地などまったくありません。

　ただ、この事件に関する報道にも、腹立たしいものがありました。

　9月6日付の『日刊スポーツ』が、「**小6女児監禁男はプリキュア好き**」と報じたのです。容疑者と同じ大学に通っていた男子学生の話によれば、容疑者は「居合同好会の幹事を務めていて、学校にはほとんど来ていなかった。（アニメ）プリキュアが大好きで、趣味は、秋葉原のメイド喫茶通いと聞いた」というのです。

　この話が本当かどうかは分かりません。この男子学生の証言以外に証拠がないのです。

　たとえ事実だとしても、なぜ記事の見出しが「**小6女児監禁 男は居合同好会の幹事**」ではないのでしょうか？

今や男が女児向けアニメを観る時代

　おそらくこれを書いた記者の頭の中には、「いい歳をして女の子向けのアニメなんか観ている奴はこういう犯罪に走る」という偏見があったのでしょう。かなり古い頭の持ち主と言うしかありません。

　今から半世紀前の1960年代の中頃までは、まだ「マンガは子供が読むもの」という偏見がありました。しかし、「大学生がマンガを読んでいる」と報じられ、さらに『巨人の星』『あしたのジョー』のような国民的ヒット作がいくつも生まれて、急速に偏見が消えていったのです。

　僕が広島の事件の犯人と同世代だった1970年代、男性のマンガファンの間では、すでに少女マンガを読むのも当たり前になってきていました。僕も当時、萩尾望都さんや竹宮惠子さんのマンガを熱心に読んでいたものです。

　同じ頃、『宇宙戦艦ヤマト』のヒットでアニメブームが起こり、アニメファンも急速に増えてきました。当然、女の子向けのアニメを観ている男性も、すでにいました。僕も『魔女っ子メグちゃん』をちょくちょく観ていたものです。

　1980年代に入ると、『魔法のプリンセス　ミンキーモモ』や『魔法の天使クリィミーマミ』などがファンの間で人気を集め、もう男性ファンが女の子向けアニメを観るのが当たり前の状況になっていました。90年代に大ヒットした『美少女戦士セーラームーン』にしても、男性ファンがかなり多かったです。

　そして今、70年代に比べてアニメの本数が増えただけでなく、

アニメファン、特に大人のファンが比べものにならないほど増えています。毎年、夏と冬に行なわれるアニメ・マンガ好きのイベント「コミックマーケット」には、3日間で50万人以上が集まります。2014年8月15～17日に開催されたコミックマーケット86の場合、入場者数は1日目が17万人、2日目も17万人、3日目は21万人でした。

　もちろん日本中のすべてのアニメファンが集まるわけではありません。おそらく日本全国のアニメファンの総数は100万人を超えるでしょう。その約半数が男性です。特に『プリキュア』は10年以上続いている人気のあるシリーズですから「『プリキュア』を観ている男性は確実に10万人以上いる」と推論してよいかと思います。

　今や男性が女の子向けのアニメを観ていても何もおかしくない時代なのです。

　僕も全シリーズではありませんが、『プリキュア』はちょくちょく観ています。僕の知り合いにも『プリキュア』を観ている男性は何人もいます。当然、その中の誰も、犯罪に手を染めてなどいません。つまり広島の事件の犯人は特殊な例なのです。

繰り返される偏向報道

　同様の偏向報道は以前から何度もありました。
　2008年3月、茨城県土浦市で連続して通り魔事件が発生、刃物を持った男に刺されて2人が死亡、7人が重傷を負いました。この事件が報じられると、容疑者がゲームに熱中していたことが注目されました。ゲームセンターで格闘ゲームをやっていたとか（僕

もたまにやりますけど)、自室にゲームソフトが100本近くも山積みになっていた(ゲーマーなら珍しくはないですね)というのです。

その一方、彼が高校時代に弓道部に所属し、全国大会にも出場したことがあるという事実は、ほとんど注目を集めませんでした。

先の広島の女児監禁事件で、容疑者が「居合同好会の幹事」だったという話を思い出してください。弓道も居合道も、本来は人を殺傷するための技術のはずです。それを好んでいたということは、犯人の性格を分析する際に、真っ先に考慮に入れるべき要素ではないでしょうか？

にもかかわらず、なぜかマスコミは、弓道や居合ではなく、アニメやゲームにばかり注目するのです。

2009年1月15日号の『週刊文春』には、「ホームレス連続襲撃 警察を翻弄した犯人は大の『ガンプラ・マニア』」という記事が載りました。71歳のホームレス男性を殺害した容疑で逮捕された男の記事なのですが、勤務先のリサイクルショップの施設長の「プラモデルの収集も好きで、ガンダムのプラモデルを組み立てずに箱のまま部屋にたくさん置いていました」という証言とともに、ガンプラの写真まで掲載されていました。

はて、ホームレス襲撃事件とガンプラにいったい何の関係があるのでしょう？　わざわざ写真まで載せる意味は？

暴走"ロリ男"はなぜ増える？

広島での女児監禁事件が起きた2012年9月には、もっとあからさまな偏向記事が『サンデー毎日』に載りました。見出しは「相次ぐ連れ去り、監禁…暴走"ロリ男"はなぜ増える」というものです。

立て続けに起きた女児監禁事件。警察庁の犯罪情勢によると、昨年、未成年が被害者となった逮捕・監禁事件は79件で、一昨年に比べ12件増えた。また、13歳未満が被害者となった強制わいせつは1019件。2007〜09年に900件に減ったが、一昨年から再び1000件台に。強姦は09、10年は50件台だったが、昨年は65件に増えている。

▶『サンデー毎日』2012年9月30日号

本当でしょうか？　警察庁のデータを見てみましょう。

▶平成23年の犯罪情勢（警察庁）
http://www.npa.go.jp/toukei/seianki/h23hanzaizyousei.pdf

「子どもを主たる被害者とする犯罪」のデータは、このファイルの119〜122ページです。『サンデー毎日』の記事には、「昨年、未成年が被害者となった逮捕・監禁事件は79件で、一昨年に比べ12件増えた」とありますが、実際の数字はこうです。

犯罪の種類	2010年	2011年
殺人	125	123
強盗	357	312
強姦	547	526
暴行	5,037	4,851
傷害	5,262	5,025
脅迫	295	276
恐喝	2,248	1,858

窃盗犯	223,980	198,793
詐欺	710	576
強制わいせつ	3,760	3,598
公然わいせつ	426	354
逮捕・監禁	67	79
略取・誘拐	148	117

　はい、一目瞭然ですね。確かに「逮捕・監禁」だけは12件増えていますが、**それ以外はすべて減少しています。**
　「13歳未満が被害者となった強制わいせつは1019件。2007〜09年に900件に減ったが、一昨年から再び1000件台に」というくだりはどうでしょうか？
　やはり「平成23年の犯罪情勢」の122ページ、「子ども対象・暴力的性犯罪被害の状況」の「罪種別被害発生件数」のデータを見ると、13歳未満の少年が被害者となった強制わいせつ事件は、2002年（平成14年）には1815件、2003年には2087件もありましたが、その後、1679件、1384件、1015件……と急速に減少し、2007年には907件になっていることが分かります。その後、少しリバウンドして、2010年には1063年になりましたが、2011年には再び1019件に減少しています。つまり**2003年の半分以下**です。
　「強姦は09、10年は50件台だったが、昨年は65件に増えている」というのはどうでしょうか？　これもピークは2003年の93件。それが2009年までに53件に減少。その後、やはりリバウンドして、2011年に65件になっています。
　強姦事件が「増えている」？　いや、どう見ても減少してますよね？

「わいせつ目的略取誘拐」も、やはり2003年の56件がピークで、2005〜2011年には24〜30件の範囲に収まっています。

当然、この記事を書いた記者は、こうしたデータを見ているはずです。しかし、卑劣なことに、一時的に増加した数字だけを挙げて、読者を騙しているのです。

「暴走"ロリ男"はなぜ増える」——この見出しに対する答えはこうです。

「暴走"ロリ男"は確かにいる。だが、増えてなどいない」

幼女の被害が最も多かった時代は？

もっと大局的に見てみましょう。このグラフは「少年犯罪データベース」というサイトから引用させていただきました。

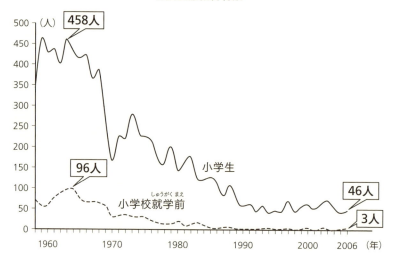

▶少年犯罪データベース／幼女レイプ被害者統計
http://kangaeru.s59.xrea.com/G-youjyoRape.htm

　ご覧の通り、昭和38年（1963年）には、小学生458人、未就学の児童92人が強姦の被害に遭っています。小学生以下に限定すれば、この年が戦後のピークです。

　偶然ですが、1963年というのは、日本初の本格テレビアニメ『鉄腕アトム』が放映開始された年でもあります。

　実は『アトム』も、今でこそ名作ということになっていますが、1950年代には暴力描写（今見るとまったくどうということはないのですが）が問題になり、「子供に悪影響を与える」としてPTAから抗議を受けていたそうです。皮肉なことに、アニメ版の『アトム』が放映開始され、日本のテレビアニメが幕を開けたのと同じ時期に、犠牲者数が減少しはじめたわけです。

　60年代末から犠牲者数は急降下。70〜80年代を通じて減少を続け、1990年代になって減少が止まります。以後、犠牲者は36〜70人の範囲で上下動を続けています。1963年に比べ、約10分の1になっているのです。

　ちなみに中学生の被害者のピークは1962年の747人で、やはり60年代後半から減少し、それが2012年には122人にまで減少しています。

　中卒以上の未成年の被害者のピークは1966年の2179人で、2012年には395人。

　成人女性も同様で、やはり70年代に急激に減少し、90年代にいったん減少が止まります。

　その後、1997年ごろから一時的に強姦被害者が増加しますが、2004年ごろにピークを迎え、その後は減少。現在は1997年以前の

レベルに落ちこんでいます。

　実は1990年代の終わりから2000年代の初めにかけて、日本で強姦を含めたあらゆる犯罪が増加していた時期があったのです（原因は不明です）。しかし、2004年あたりでピークを迎え、今は減少に向かっているのです。

加害者も減っている

　被害者ではなく加害者の方はどうでしょうか。東京大学法学部教授で犯罪に詳しい前田雅英氏の著書に、強姦罪の検挙人員率のグラフが載っています。

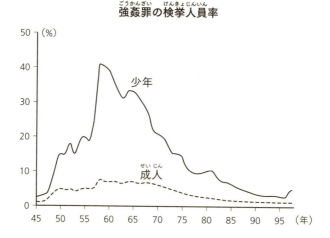

強姦罪の検挙人員率

▶前田雅英『少年犯罪』（東京大学出版会）74ページ（同ページの図を忠実に再現）

　少年の強姦犯が最も多く検挙されているのは1959年です。日本

では1957年に売春防止法が施行され、翌58年に赤線（公認売春）が廃止されています。性のはけ口を失って強姦に走る若者が増えたのかもしれません。その後、やはり60年代から減少を続け、90年代に減少が止まります。

　公正を期するために言っておきますと、これらの数字は正確な被害者数や加害者数ではありません。強姦事件は暗数（届け出がないために犯罪として認知されない件数）が多いのです。被害者が訴え出ることができずに泣き寝入りしてしまうんですね。ですから、ここに示された数字の何倍もの被害者、加害者がいるはずです。

　ただ、60年代後半というのはウーマンリブ（女性解放運動）が盛んで、権利を訴える女性が急速に増えてきた時代です。そんな時期に、強姦されても泣き寝入りする女性が急増していたとは考えられません。被害に遭っても堪え忍ぶ女性は、昔の方が多かったはずです。

　前田雅英氏もこのグラフについて、「強姦罪は、認知件数の他に、届け出られない『暗数』の多い犯罪で、殺人や強盗より統計データの信用性は低いが、相対的な傾向は十分に読みとれる」と書いています。ですから、正確な数字ではなくても、いちおう参考にはなるはずです。

　なお、前田雅英『少年犯罪』という本は、近年になってまた少年犯罪が増加している……という論調で書かれています。しかし、これは2000年に出版された本です。確かに当時は犯罪は増加していたのですが、先にも書いたように、今は減少に向かっているのです。

　アニメもマンガもゲームも、昔とは比べものならないほど氾濫しています。それどころか、今のアニメは深夜にも放映されてお

り、未成年の少女の入浴シーンやパンチラが頻繁に出てきます。また、少女に良からぬことをする成人向けゲーム（いわゆるエロゲー）もたくさんあります。

　もしそれらが犯罪を誘発するのなら、当然、犯罪は昔より激増しているはずです。しかし、統計を見る限りまったく逆で、子供をターゲットにした性犯罪も、青少年の犯罪者も、昔より確実に減っているのです。

殺人事件も減っている

　減少しているのは未成年に対する性犯罪だけではありません。やはり「少年犯罪データベース」から、未成年による殺人事件のグラフを見てみましょう。

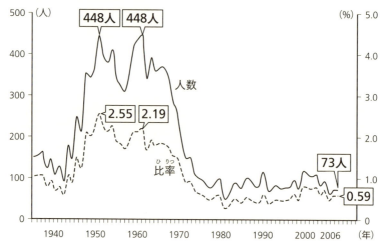

未成年の殺人犯検挙人数と少年人口（10〜19歳）10万人当たりの比率

▶少年犯罪データベース／少年による殺人統計
http://kangaeru.s59.xrea.com/G-Satujin.htm

　はい、これも一目瞭然ですね。未成年の殺人犯検挙者が最も多かったのは1951年で、448人。当時の未成年者の人口10万人につき2.55人の殺人犯が検挙されていました。1961年にも同じく448人の殺人犯が検挙されていますが、戦後のベビーブームで子供の数が増えたため、10万人あたりの比率は2.19人に減少しています。
　少年犯罪だけではなく、殺人事件全体で見ても同じです。
　日本の殺人事件の認知件数は、昭和30年代から減少を続けています。1958年には2683件だったのが、（人口が約4割増えたにもかかわらず）2007年には戦後最低の1199件を記録し、その後も減少を続けています。2013年には、ついに1000件を割りこみました。

年次　　殺人事件の認知件数
2004年　1419件
2005年　1392件
2006年　1309件
2007年　1199件
2008年　1297件
2009年　1096件
2010年　1067件
2011年　1052件
2012年　1032件
2013年　938件

▶警察白書平成22年版および26年版を元に作成

40年前には、日本の人口のうち、3万人に1人ぐらいの割合で殺人者が生まれていました。今はそれが**10万人に1人以下**に減っているのです。今の日本人は、40年前よりずっと温和になっているのです。
　被害者数で見ても同じです。殺人事件による被害者が最も多かったのは1955年で、1年間に2119人もの人が殺されていました。当時の日本の人口10万人あたり2.37人です。それが2012年には383人に減少、10万あたり0.30人です。（殺人事件の件数と食い違うのは、警察庁の統計では殺人未遂も「殺人」に分類されているからです）

▶年次統計／殺人事件被害者数
http://nenji-toukei.com/n/kiji/10042/

　さて、さっき「『プリキュア』を観ている男性は確実に10万人以上いる」という話をしましたね？
　ということは、『プリキュア』を観ていることと犯罪の間に何の因果関係もなくても、確率的に、その10万人の中から年間1人ぐらいは殺人者が生まれているはずだということなのです。
　『プリキュア』に限定せず、アニメファン全般、ゲームファン全般にまで広げれば、何百万人という数になるでしょうから、その中から年間何十人もの殺人者、何十人もの性犯罪者が生まれているはずです。殺人者がたまたまゲームが好きでも、性犯罪者がアニメを観ていても、何の不思議もないわけです。

日本はとびきり安全な国

　世界的に見ても、日本はとても犯罪の少ない国です。試しに世

界各国の人口10万人あたりの殺人の件数を見てみましょう。

なぜ殺人で比較するかというと、先にも書いたように強姦事件は暗数が多く、それも国によって大きくパーセンテージが異なると考えられているからです。窃盗、強盗、暴行なども同様で、被害者が訴え出ない例も多いでしょう。

殺人事件の場合も、自殺や事故や行方不明として処理されるなど、認知されない暗数があると考えられますが、他の犯罪に比べ、実数と認知件数の間にそれほど大きな差はないはずです。

▶Nation Master
http://www.nationmaster.com/country-info/stats/Crime/Violent-crime/Murder-rate-per-million-people

この統計で見ると、1位のホンジュラスは10万人あたり913.5件の殺人が起きています。2位のエルサルバドルは688.59件、3位のコートジボアールは591.51件。これがワースト3です。いずれも経済的に貧しい国ですから、金目当ての犯罪が多いというのは納得できます。他にも、ワースト上位にある国のほとんどは発展途上国です。

以下、日本と同様の経済大国だけを挙げていきます。

順位・国名	人口10万人あたりの殺人率
67位　ロシア	102.35件
99位　アメリカ	42.01件
107位　インド	34.24件
122位　韓国	25.32件

142位	カナダ	16.23件
157位	イギリス	11.68件
163位	フランス	10.54件
167位	中国	10.02件
174位	イタリア	8.75件
177位	ドイツ	8.44件
188位	日本	3.97件

　日本は193ヶ国中188位！　件数ではアメリカの10分の1以下です。しかもこれは2009年のデータですから、今はさらに下がっているはずです。
　さらに注目すべきは日本警察の検挙率（その年の検挙件数÷その年の認知件数×100）の高さです。殺人事件の場合、2000年以降、検挙率は93～98％の高い率を維持しています。
　驚くべきことに、2013年には殺人事件の検挙率が100％を超え、101.3％になりました。前年に比べて認知件数が100件近くも減ったうえ、以前に起きた事件の容疑者が何人も検挙されたため、検挙件数が認知件数を上回ったのです。
　日本はそれぐらい安全な国なのです。

「非実在青少年」規制は何が問題か？

　アニメもマンガも、今や日本の誇る文化です。
　にもかかわらず、こうした日本の文化を規制しようという人たちがいます。アニメやマンガが有害だと信じる人たちです。

特に注目を集めたのは、2010年から急浮上した「東京都青少年の健全な育成に関する条例」の改正問題、いわゆる「非実在青少年」規制問題です。

　現在、児童ポルノ法（正式名称「児童買春、児童ポルノに係る行為等の処罰及び児童の保護等に関する法律」）によって、18歳未満の児童の全裸や性的行為の映像を出版したりネットにアップしたりすることは禁止されています。そうした規制を、実在する青少年だけでなく、マンガやゲームなどの実在しないキャラクターにまで広げようという動きなのです。

　とんでもない話です。児童ポルノ法の目的は、実在する青少年を性的搾取や性的虐待から守ることにあります。実在しないキャラクターが裸になったりレイプされたりしても、誰も傷つくわけではありません。

　それどころか東京都が条例を改正し、マンガの中で「非実在青少年」の裸やセックス・シーンを描くのを規制したら、ものすごい数のマンガが出版できなくなってしまい、出版業界やマンガ文化が蒙る影響は甚大です。出版社の多くは東京にあるのですから。

　ほんの一例を挙げるなら、竹宮惠子さんの名作『風と木の詩』などは、少年の裸やベッドシーン（しかも男同士の）が何回も出てきます。「非実在青少年」が規制されたら、この名作が読めなくなってしまうかもしれないのです。

　ですから当時、大変な反対運動が起こりました。里中満智子、永井豪、ちばてつや、竹宮惠子といった有名マンガ家のみなさんはもちろん、評論家の呉智英氏や社会学者の宮台真司氏なども反対。日本図書館協会、出版倫理協議会、日本ペンクラブ、日本漫画家協会、日本脚本家連盟、日本劇作家協会など、出版や創

作に関わる団体は軒並み、反対声明を出しました。東京弁護士会や日本弁護士連合会も反対しました。僕も反対集会に参加したり、『非実在青少年読本』(徳間書店)や『非実在青少年〈規制反対〉読本』(サイゾー)という本に寄稿するなど、反対運動の一端を担いました。

当時、参加した集会で、明治大学の森川嘉一郎准教授が言っていた言葉が印象的でした。

「彼ら(規制推進派)は"良いマンガ"と"悪いマンガ"を分けられると思いこんでいる」

そうなんです。『風と木の詩』がなかったら、同じ竹宮さんの『地球へ…』などもなかったし、永井豪さんも『ハレンチ学園』を描かなかったら『マジンガーZ』はなかったはずです。

現在でも、"良いマンガ"を描いていると思われているマンガ家が、アマチュア時代に同人誌でエロマンガを描いていたという例がいっぱいあります。世の中には"良いマンガ"を描くマンガ家と"悪いマンガ"を描くマンガ家が別々に存在するわけではなく、一人が両方描いている。むしろエロが創作の原動力になっていることが多い。エッチな絵を一生懸命に描くことで、画力がアップするということもあるんです。

エロを規制すれば、マンガ界というピラミッドの底辺を崩すことになり、ピラミッド全体が崩壊する危険があるんです。

それでも規制しようとする人たち

しかし、規制に賛成する側の人たちは、どうもよく分かっていないんですね。そもそもマンガに関する知識がない。だから僕ら

第5章　暴走"ロリ男"は増えてない

の言葉が届かない。

　おまけに犯罪統計（とうけい）などにも興味がないから、犯罪が減少しているという事実も知らない。マンガの影響で犯罪が増えていると思いこんでいて、犯罪を防ぐためにマンガを規制（きせい）しようと考えているのです。

　たとえば、第28期東京都青少年（せいしょうねん）問題協議会（きょうぎかい）・第7回専門部会（ぶかい）で、住田佳子氏（すみだよしこ）（保護司（ほごし）、人権擁護委員（じんけんようごいいん））がこんな発言をしています。

○住田（すみだ）委員　ありがとうございました。私は、実は犯罪を犯した者を扱っておりますので、ここのところ、急激に性犯罪というのは確かに増えているんです。特に私が住んでいるところでは非常に多いんです。やはり減っていかないところを何とかしてほしいという思いがあるものですから、（後略）

▶第28期東京都青少年（せいしょうねん）問題協議会（きょうぎかい）／第7回専門部会（ぶかい）　28ページ
http://www.seisyounen-chian.metro.tokyo.jp/seisyounen/pdf/09_singi/28b7giji.pdf

　はて？　この会議が開かれたのは2009年6月です。前述（ぜんじゅつ）のように、この時期の性犯罪は減少に向かっていたのですが。

　新谷珠恵氏（しんたにたまえ）（東京都小学校ＰＴＡ協議会会長（きょうぎかい））もこんなことを言っています。

○新谷（しんたに）委員　私は、青少年（せいしょうねん）が見なければいいとか、そういっただけではなくて、実際に写真じゃなくて漫画だから被害者はいないだろうではなくて、全体でどうしてこんなに小さい子どもが性被害に、昔からこうだったのか。なぜこうなったのか。本当に増えていると思うんです。やはりアニメ文化

とか、ロリコン文化が絶対助長していると思います。ですから、大人が見るものであっても、ビデオでも、それがもとで、たくさん見たから犯罪したくなって犯罪を犯したという人がたくさんいるんですよね。（後略）

▶同・36ページ

性犯罪が「本当に増えていると思うんです」とか「アニメ文化とか、ロリコン文化が絶対助長していると思います」とか、証拠もなしに印象で語っているうえ、ビデオを観て「犯罪したくなって犯罪を犯したという人がたくさんいる」と、事実に反したことが断言されています。何度も言いますが、ビデオなんかなかった時代の方が性犯罪は多かったんですよ？

　つまりこの人たちは、実際の性犯罪のデータをまったく見ていないのです。

　単に無知なだけならまだしも、自分たちが間違っていることを知っている人もいます。同じく第28期東京都青少年問題協議会の第10回専門部会の議事録の中で、吉川誠司氏（財団法人インターネット協会主幹研究員）がこんな発言をしているのです。

○吉川委員　私としては、性犯罪の減少も目的の一つであると言ってしまって、ただ、そうした創作物が性犯罪の発生と密接な因果関係があるかどうかを、必ずしも統計を示してまで立証する必要はなくて、逆に、関係がないという根拠もないわけなので、だから、統計的なデータがないから犯罪との因果関係がないとは別に言い切れないと突っぱねたらいいと思います。

▶第28期東京都青少年問題協議会・第10回専門部会　19ページ
http://www.seisyounen-chian.metro.tokyo.jp/seisyounen/pdf/09_singi/28b10giji.pdf

創作物と性犯罪の関係を立証する必要はないし、データがなくても「突っぱねたらいい」のだそうです。

そう、彼らは自分たちの主張を支持する根拠が何もないことを知っているのです。にもかかわらず、「性犯罪の減少も目的の一つ」などと主張するのです。

コミックス規制大国・アメリカの歴史

ここでアメリカの歴史を見てみましょう。

アメリカでは1949年ごろから、精神科医フレドリック・ワーサム博士が、コミックスが青少年に与える害を説きはじめました。当時のコミックスには、残酷なシーンやセクシャルなシーン（今の日本のマンガに比べればおとなしいものですが）が多く、こうしたコミックスは青少年を堕落させ、犯罪に走らせると考えられたのです。全米で激しい反コミックス運動が起き、出版社やニューススタンドには「俗悪なコミックスを売るな」という抗議が殺到しました。一部の地方では、大量のコミックスが学校の校庭などに集められて燃やされました。

1954年、合衆国議会の少年非行対策小委員会は「コミックブックと非行」と題するレポートを発表、青少年に悪影響を与える可能性のある表現を規制するようコミックス業界に勧告しました。これを受け、全米コミック雑誌協会は自主規制コードを制定しました。1954年8月26日のことです。その内容はこういうものでし

た。

「いかなる場合においても、善が悪を打ち負かし、犯罪者はその罪を罰せられるべきである」「残忍な拷問、過激かつ不必要なナイフや銃による決闘、肉体的苦痛、残虐かつ不気味な犯罪の場面は排除しなければならない」「あらゆる恐怖、過剰な流血、残虐あるいは不気味な犯罪、堕落、肉欲、サディズム、マゾヒズムの場面は許可すべきではない」「歩く死者、拷問、吸血鬼および吸血行為、食屍鬼、カニバリズム、人狼化を扱った場面、または連想させる手法は禁止する」「冒涜的、猥褻、卑猥、下品、または望ましくない意味を帯びた言葉やシンボルは禁止する」「いかなる姿勢においても全裸は禁止とする」「劣情を催させる挑発的なイラストや、挑発的な姿勢は容認しない」……。

すごいでしょう？　まさにがんじがらめ。この基準に従えば、今の日本のマンガ雑誌は軒並みアウトです。

暴力表現や性的な表現にきびしい規制が設けられた結果、コミックス界全体から活力が失われました。ニューススタンドがコミックスを置かなくなったこともあり、読者の多くがコミックスを買わなくなりました。コミックス・コード制定前、コミックス誌は650タイトルもあり、毎月1億5000万部も発行されていたのが、ほんの数年で半減したのです。倒産した出版社もいくつもありました。

その結果、アメリカの犯罪は減ったんでしょうか？

このグラフを見てください。これも前田雅英『少年犯罪』から引用したもので、アメリカの指標犯罪（凶悪犯罪や窃盗犯）の件数をグラフにしたものです。

第5章　暴走〝ロリ男〟は増えてない

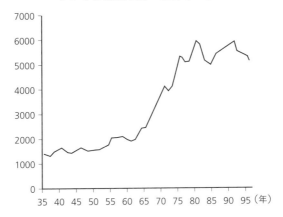

アメリカ指標犯罪の犯罪率の推移

▶前田雅英『少年犯罪』168ページ（同ページの図を忠実に再現）

　見ての通り、1954年以降、アメリカの犯罪は減るどころか、急カーブを描いて上昇しています。
　そう、マンガの表現を規制しても犯罪は減らないことは、アメリカの歴史が証明しているのです。それどころか、マンガの表現と犯罪の間には、規制推進派が主張するような正の相関ではなく、むしろ負の相関（表現が規制されると犯罪が増え、表現が過激になれば犯罪が減る）があるのです。

誰を何から守りたいのか？

　もちろん、相関関係があるからといって因果関係があるとは断言できません。相関関係はあっても因果関係のない事例はいくらでもあるからです。でも、少なくとも、相関関係が存在しないところに因果関係を求めるのは無茶だということは、誰でも分かる

でしょう。

　それに、まったく因果関係がないとも言い切れないのです。1959年、赤線廃止の直後に強姦事件の加害者少年が急増したことを思い出してください。当時、独身男性が性的欲望を合法的に発散する方法は売春ぐらいしかなかったわけですが、それが法律で禁じられたとたんに強姦事件が増加した……。

　もしかしたら現代の日本では、赤線に代わって、マンガやゲームやアニメが欲望を発散させ、犯罪を抑止しているのではないでしょうか？　それが日本の性犯罪が少ない理由のひとつでは？

　証明はできません。でも、その可能性はあります。もしそうだとしたら、表現が規制されると、1959年と同様、強姦事件が増加することも考えられます。

　『少年犯罪』の著者の前田雅英氏なら、当然、その可能性に気がついているはずです。

　しかし、この前田氏こそ、「東京都青少年の健全な育成に関する条例」の改正案を出した東京都青少年問題協議会の専門部会長なのです。

　表現規制推進派の主張から透けて見えるのは、「エロマンガなんて読んでる奴は気持ち悪い」とか「アニメの女の子で欲情するような奴は変態だ」という個人的な印象に基づく偏見、「証拠はなくてもこんなものは有害に違いない」という根拠のない思いこみです。

　不快なものをなくしたいという心理は分かります。しかし、本来、実在する子供たちを守るための規制のはずなのに、「非実在青少年」を保護しようとして、かえって実在の子供の被害を増やしてしまったら、本末転倒ではないでしょうか。

僕は日本の誇るマンガ・アニメ文化を守りたいし、実在する子供たちも性犯罪から守りたい。そのためにも、表現規制には反対です。

繰り返しますが、表現を規制しても犯罪は減らないことは、すでに実証済みなのですから。

第 6 章

1000年に一度の大災害
―― 「めったに起きない」という錯覚

「防波堤は壊してはどうか」

　政策研究大学院大学教授で漁業問題に詳しい小松正之氏の著書『日本の食卓から魚が消える日』（日本経済新聞出版社）を読んでいたら、びっくりする記述に出くわしました。小松氏は岩手県の出身なのですが、岩手県の大船渡湾の湾口に津波防波堤があるせいで、湾内の水がよどみ、ヘドロが溜まっているという理由で、防波堤を「壊してはどうか」と提案しているのです。

> 　津波は三〇年か四〇年に一度訪れる。しかし、津波によって命を失う確率は警報さえしっかりしていればほとんどないに等しいのではないか。科学が発達した今、予知ができるのである。水を被る程度のことや養殖用のいかだの被害対策であれば、養殖施設用の漁業共済制度を充実させるための国の予算を使えばよい。災害を契機に、被災した市街地を新しくする事業で地域経済を活性化するとの前向きな発想があってもよい。（後略）
>
> ──『日本の食卓から魚が消える日』49ページ

　水産業に詳しく、海のことをよく知っているはずの大学教授が、津波による被害は「水を被る程度のこと」と考えていて、死者はほとんどないから防波堤は不要だと主張していたのです。これは驚きです。
　この本が出版されたのは2010年6月ですが、その9ヶ月後、東日本大震災による津波が発生しました。

1963年に建設された大船渡湾の防波堤は、全長736mもある巨大なものでした。そのうち、水面上に出ている北堤は243.7m、南堤は291.0m。中間の約200mは水中にありました。しかし、津波によって破壊され、大船渡市では400名以上の死者・行方不明者が出ました。
　しかし、小松氏の主張を今の視点から批判できるでしょうか。2011年3月11日以前、日本にあんな大きな津波が襲ってくると思っていた人は、いったい何人いたでしょう？
　僕自身、2004年のスマトラ島沖地震による津波の映像を見ていて、津波の恐ろしさを知っていたつもりでしたが、まさか日本で同じようなことが起きるとは思ってもいませんでした。

「想定外」なんかではなかった

　東日本大震災に関しては、「想定外」という言葉もよく聞かれました。
　しかし、よく考えてみると、この言葉の定義はあいまいです。「想定外」とは何を指すのでしょう。

①「想定に必要なデータがなかったので想定できなかった」
②「データはあったのに想定を誤った」
③「想定すべきなのにしなかった」

　①は不可抗力です。②はミスです。③は怠慢です。
　東日本大震災、特に津波の被害に関しては、③の意味の「想定外」でした。これまで津波による死者がなかったわけではないの

です。

　1960年5月23日（日本時間）、南米チリ沖で起きたマグニチュード9.5の大地震による津波は、24日の深夜に日本に押し寄せ、家屋全壊1500戸以上、半壊2000以上、死者・行方不明者142名を出す惨事となりました。海外でも被害は大きく、ハワイでは61名が亡くなっています。

　1983年5月26日、秋田沖で発生した日本海中部地震によるでは、104名の死者が出ましたが、そのうちの100名は津波によるものです。

　1993年7月12日の北海道南西沖地震による津波では、地震発生直後、震源に近かった奥尻島に津波が押し寄せ、198名の死者・行方不明者を出しました。

　100人以上の犠牲者を出す大きな津波は、数十年ごとに襲ってきているのです。古い記録を見ると、過去にはもっと大きな津波もあったことが分かります。当然、北海道南西沖地震を上回る大きな津波が来る可能性も想定すべきだったのです。

　しかし、ほとんどの人は（僕も含めてですが）、想定すべきことを想定していませんでした。

　東日本大震災で津波による多くの犠牲者が出たのも、「津波なんてたいしたことはない」と思って高台に避難しなかった人が多かったのが一因です。津波警報が出ているのに、のんびりと家の前の瓦礫を片づけていた人もいたそうです。

「そんなこと起きるわけがない」

「たいしたことにならないだろう」

　そうした心理が被害を大きくするのです。

「1000年に一度」は宝くじの5等と同じ

　東日本大震災は、よく「1000年に一度の巨大地震」と言われています。前回、同じぐらいの規模だったと思われる貞観地震が西暦869年、1142年前だったからです。

　もっとも、東日本大震災の7ヶ月後の2011年11月、政府の地震調査委員会が報告をまとめ、地層に残された津波の痕跡から、三陸から房総にかけての太平洋沖で、大規模な津波をともなう地震が過去2500年間に5回起きていたと結論しています。

・紀元前4〜3世紀
・4〜5世紀ごろ
・貞観地震（869年）
・15世紀ごろ
・東日本大震災（2011年）

　つまりこの地域では、おおざっぱに約600年の周期で大地震と津波が起きていることになります。「600年に一度の大災害」だったのです。

　僕たちは「1000年に1度」とか「600年に1度」と聞くと、「そんなことはめったに起きない」と思ってしまいがちです。自分の生きているうちに起きる可能性は低いし、自分の身にふりかかることはないんだと。

　しかし、よく考えてみてください。あなたは宝くじを買ったことはないでしょうか？

年末ジャンボ宝くじの場合、1ユニットが1000万枚で、1等はそのうちの1枚。つまり当たる確率は1000万分の1です。しかし、5等の1万円は、番号の下3ケタが当たればいいので、組み合わせは000〜999の1000通り。つまり当たる確率は1000分の1ということになります。

　あなたが年末ジャンボ宝くじを1枚買って、「1等は無理でも、せめて5等の1万円ぐらいは当たらないかな」と期待しているとしたら、「1000年に一度の大災害」もそれと同じぐらいの確率で起きるのだということを思い出してください。

原発は必ず大災害に見舞われる

　また、宝くじを毎回買っていれば当たる可能性が高くなるのと同じで、ある年に大災害が起きる確率が1000分の1だとしても、何年、何十年というスパンでは、もっと大きな確率で起こります。

　ある地域で1年間に巨大災害が起きる確率が1000分の1だと仮定しましょう。厳密に言えば、地震は一度起きてしまうと地下に再びエネルギーが溜まるのに時間がかかるので、時間とともに起きる確率が増えてゆくのですが、ここでは単純化して、「どの年も1000分の1」として考えます。

　ある年に災害が起きる確率が0.001なのですから、当然、災害が起きない確率は0.999です。

　仮にあなたが80年生きるとすると、その80年間に巨大災害が起きない確率は、0.999の80乗で0.923です。ということは、80年間に巨大災害が起きる確率は、1 − 0.923 ＝ 0.077。つまり7.7％です。

　「1000年に一度」というと、めったに起きないように思ってしま

いますが、「一生のうちに7.7％」というと、けっこう大きな確率だと思いませんか？　宝くじの7等300円が当たる確率（10％）より少し低い程度なのですよ？

　だから、一生のうちに「1000年に1度」の出来事に遭遇する可能性は、真剣に考えておくべきではないでしょうか。

　同じ計算は原発に対しても成り立ちます。

　現在、日本の商業用原子炉は、完成してから40年で廃炉にされることになっています。何十年も使っていると老朽化するからです。

　もっとも、この原則は守られていません。福井県にある日本原子力発電敦賀1号炉と関西電力美浜1号炉が運転開始したのは1970年、同じく関西電力美浜2号炉が運転開始したのは1972年で、すでに40年を超えています。

　仮に運転期間を40年としましょう。その40年間に「1000年に1度の大災害」が起きる確率は4％です。大きい確率とは言えませんが、起きた場合の影響の大きさを考えると、無視していい数字でもありません。

　しかも、これは1基の原子炉についての計算です。

　1台の車が事故を起こす確率は小さくても、車が何百台もあったら、その中のどれかが事故を起こす確率はかなり高くなります。原子炉も同様です。数が多いほど、そのどれかが大災害に遭遇する確率は高くなるのです。

　離れた場所にある2基の原子炉のどちらかに、40年間に「1000年に一度の大災害」が降りかかる確率は7.7％です。3基だと11.3％、4基だと14.8％、5基だと18.1％……。

　今、日本各地に17箇所の原発があります。大災害が起きる確率

は場所によって違いますし、複数の原発が近い場所にあって同じ災害に巻きこまれる場合もありますので、単純計算はできません。しかし、17箇所すべてが40年間に1度も大災害に見舞われない確率は、きわめて小さいでしょう。

そして実際、1966年に日本で最初に商業用原子炉が運転を開始してから45年目に、大きな災害が発生してしまったのです。

これからも日本が原発に頼り続けるなら——古くなった原子炉を廃炉にするだけでなく、新しい原子炉を作り続けるなら、いつか必ず、その中のどれかが大きな災害に見舞われます。それは偶然ではなく必然です。

地球に激変をもたらす小惑星

地球から宇宙に目を向けましょう。

小惑星や彗星が地球に衝突するというＳＦ映画やＳＦ小説は、これまでたくさん作られてきました。ただ、映画に関して言うなら、あまり科学的に正しいとは言えないものが大半です。

たとえば『アルマゲドン』（1998年）という映画では、テキサス州ほどもある小惑星（幅800kmぐらいでしょうか）が、地球衝突のほんの数週間前に発見されたことになっています。これなど絶対にありえないことです。

最大の小惑星であるセレス（現在は「準惑星」に分類されています）は直径952kmで、1801年に発見されています。パラス（582km）は1802年、ジュノー（233km）は1804年、ヴェスタは（530km）は1807年……つまり、それと同じぐらいの大きさの小惑星なら、19世紀のうちに天文学者によって発見されているはずなのです。

映画の中では、地球衝突の直前に核爆弾で小惑星を二つに割り、衝突を避けることになっていました。これも不可能なことです。直径が10km程度の小惑星でも、質量は1兆トン以上あるはずで、核爆弾ぐらいではほとんど軌道は変わりません。たとえ衝突直前に破壊できても、無数の破片が地球に降り注ぎますから、被害の規模はたいして変わりません。地球衝突の数日前とかでは、もう何をしても手遅れなのです。

これまで、地球は何度か大型の小惑星の衝突を経験しています。最も有名なのは、6500万年前、現在のメキシコのユカタン半島（当時は海でした）のチクシュルーブに落下した小惑星で、直径は10km程度だったと推測されています。衝突の衝撃で地球の気候は激変し、恐竜を絶滅に追いやりました。現在、衝突地点には直径160kmのクレーターが残っています。

しかし、チクシュルーブ・クレーターが最大というわけではありません。これまでに発見された最も大きいクレーターは、南アフリカのフレデフォート・ドームで、現在は70kmほどのリングの一部しか残っていませんが、20億2000万年前、小惑星の衝突でできた当初は、直径約300kmあったと推定されています。また、カナダのサドベリー・クレーター（18億5000万年前）も直径は250kmあり、チクシュルーブ・クレーターを上回っています。

他にも、直径160kmのオーストラリアのアクラマン・クレーター（5億7000万年前）、直径100kmのカナダのマニクアガン・クレーター（2億1000万年前）、直径100kmのロシアのポピガイ・クレーター（3500万年前）など、小惑星衝突によって生まれたクレーターはたくさんあります。これらの衝突のいくつかも、チクシュルーブ・クレーターと同じく、当時の地球環境に激変をもたらし、生

物を大量に死に追いやったと考えられています。

直径140mの小惑星が落ちてきたら

さて、さんざん脅しておいてこんなことを言うのは申し訳ないですが、こうした直径何kmもある大きな小惑星（変な言葉ですが）の衝突は、実はあまり心配しなくていいのです。

第一に、大きな小惑星は数が少なく、地球にぶつかる確率もとても小さいのです。恐竜を滅ぼした直径10km程度の小惑星の場合、地球に衝突する確率は8900万年に1回ぐらいと考えられています。

第二に、すでに述べたように、大きな小惑星はとっくにすべて発見されていて、軌道も判明しています。

1998年5月、NASA（米航空宇宙局）が「10年以内に1km以上の小惑星の90％を発見する」という目標を掲げ、NEOを発見し追跡するプログラムを開始しました。NEOとはNear-Earth Object（地球近傍天体）の略で、その軌道が地球の軌道と交差していて、衝突する可能性のある天体（小惑星や彗星）の総称です。2003年までにこの目標は達成され、現在は140m以上のNEOの捜索が目標になっています。

直径140m程度のNEOは、1万3000〜2万個あると推定されています。それが地表にぶつかった場合、TNT爆薬（TNT＝トリニトロトルエン、という化学物質を主成分とする爆薬）に換算して100メガトン（1メガトンは100万トン）以上のエネルギーが解放されます。広島に落とされた原爆の威力が15キロトン（1キロトンは1000トン）とされているので、その6000倍以上の威力ということになります。

陸地に落ちても大変ですが、海に落ちれば大津波を起こし、広範囲に被害が及ぶでしょう。

　このサイズの小惑星が地球に衝突する確率は、およそ1万3000年に1回とされています。もしかしたら人類の歴史上、そうしたことは一度ぐらい起きたかもしれません。世界各地に残っている大洪水伝説は、かつて起きた小惑星衝突の記憶なのでは……と、想像をたくましくしたくなります。

　発見されたNEOは、ただちにその軌道が分析され、地球に接近する可能性がある場合は警告が発せられます。2004年に発見された小惑星アポフィス（直径約300m）の場合、当初、2029年に地球に衝突する可能性があると騒がれました。しかしその後、詳細な観測が行なわれ、2029年4月13日に地球から3万8000km離れたところを通過すると判明しました。

　もし発見されたNEOが地球に衝突すると判明しても、それは何十年も前から予測できるのです。ですから対策を立てる余裕は十分にあります。衝突地点から避難して被害を避けるか、あるいは小惑星に推進装置を取り付け、何十年もかけて少しずつ軌道をそらしていけばいいのです。

小さな小惑星の方が恐ろしい

　問題はもっと小さな、直径140m以下の天体です。

　2013年2月15日午前9時20分（現地時間）、ロシア連邦ウラル地方のチェリャビンスク州付近で、隕石が大気圏に突入し、高度20キロで爆発しました。その衝撃波により、4000棟以上の建物で窓ガラスが割れたりドアが吹き飛ぶなどの被害が発生し、負傷者は

1491名、被害総額は10億ルーブル（約30億円）と推定されています。
　ＮＡＳＡの発表によれば、この隕石は直径17メートル、質量約1万トンで、爆発によって発生したエネルギーはＴＮＴ換算で0.5メガトンと見積もられています。
　天体に興味のある人なら、このニュースを聞いてすぐ、「ツングースカの謎の爆発」を連想したはずです。それは1908年6月30日午前7時17分（現地時間）、シベリア北部、ツングースカ川上流の上空で起きました。爆発の規模は推定4メガトン。幸い、無人の森林地帯だったので死者は出ませんでしたが、2200平方キロにわたって樹木がなぎ倒され、65キロも離れた場所にあった交易所でも、人が吹き飛ばされて負傷しました。
　爆発の原因は、かつては謎とされていて、「異星人の宇宙船が墜落したのだ」という珍説もあったぐらいです。現在では、直径40mぐらいの石質の小惑星が空中で爆発したものと考えられています。高速で落下している物体が爆発したことで、下向きに爆風が叩きつけられ、地上の被害を大きくしたようです。
　小惑星はひとつの大きな岩ではなく、ラブルパイル構造といって、小さな岩のかけらがたくさん重力で集まった構造になっているものと考えられています（小惑星がすべてラブルパイル構造かどうかは、まだよく分かっていません）。直径数十メートルの小さな小惑星の場合、大気圏突入に伴う強烈な熱と空気抵抗に耐えきれず、地表にぶつかる前にばらばらになってしまう場合が多いのです。同時に、大気が熱せられて急膨張し、大爆発を惹き起こします。
　ツングースカの場合よりやや小さい、直径30m級の小惑星の大気圏突入は、200年に一度の確率で起きると考えられています。人類の歴史上、ツングースカ爆発に匹敵する大爆発は何十回も起

きたはずです。それにしては記録が少ないのは、地球の表面の7割は海で、陸地も大半が砂漠や草原やジャングルなど、人口の少ない地域だからです。大爆発が起きても人的被害がほとんどなく、記録に残らなかったのでしょう。

　でも、次もうまく人口密集地を避けてくれるかどうかは分かりません。

　地球の人口は紀元1世紀ごろには2億人程度だったと推定されていますが、現在では70億人を超えています。それだけ人間の住む地域が拡大したわけですから、小惑星が人口密集地に落下して大惨事が起きる確率も、昔より増えていることになります。

　チェリャビンスク隕石の例から分かるように、直径数十m級のNEOは、事前に発見するのが困難です。特に太陽の方向（地球の昼の側）から接近してきた場合、空が明るいために観測は難しく、大気圏に突入するまで分からないかもしれません。

　できれば次の小惑星は都市には落ちないでほしいのですが——これはかりは、まさに「天に祈る」しかありません。

【参考】
ドナルド・ヨーマンズ『地球接近天体』（地人書館）

スーパーフレアの脅威

　実は小惑星衝突と同じぐらいの確率で、なおかつ、はるかに広範囲に被害をもたらすのではないかと思われる天体現象があります。

　僕の小説『プロジェクトぴあの』（PHP出版）の中に、2030年代の地球がスーパーフレアという太陽の異変に見舞われるというく

だりが出てきます。スーパーフレアは架空の現象ではなく、実際にあるものです。

フレアは太陽の表面で稀に起きる爆発現象で、その規模によってA、B、C、M、Xの5つの等級があります。等級がひとつ上がるごとに規模は10倍になります。さらにその等級の中でも、X1、X2、X3……といったように、規模が大きくなるほど大きな数字で表わされます。

最も大きなX級のフレアは年に1回ぐらいは発生します。爆発で放出されるエネルギーは10の31乗エルグ。広島型原爆180億個分です。地球で起きたなら確実に人類が滅亡するすさまじさですが、太陽は地球から1億5000万kmも離れているので、爆発自体の影響はありません。

フレアが起きると、強烈な紫外線、X線、ガンマ線が発生し、約8分後に地球に降り注ぎます。少し遅れて、高エネルギーの荷電粒子も飛んできます。地球の周囲を回っている国際宇宙ステーションでは、放射線被曝の危険があるため、大きなフレア発生の予報が出ると、宇宙飛行士は最も壁の厚い区画に退避することになっています。

もっとも、放射線を心配しなくてならないのは宇宙飛行士だけで、地上に住む人間の健康にはほとんど影響がありません。地球の厚い大気は優秀な放射線シールドで、宇宙からの放射線のほとんどをさえぎってしまうからです。

むしろ地上の文明にとって深刻なのは、フレアに伴って起きることが多いCME（コロナ質量放出）という現象です。強い磁気を帯びた巨大なプラズマの塊で、それが地球を直撃すると、磁気嵐を惹き起こします。無線通信が障害を受けるだけでなく、電線

に大きな電流が流れて、電子機器をショートさせたり、変圧器を破壊したりするのです。

1989年3月に大きなフレアが発生した時には、カナダで9時間に及ぶ大停電が発生し、600万人が影響を受けました。2003年11月に発生したフレアとCMEでは、スウェーデン南部で停電が起きただけでなく、GPSを用いた航空機の航法システムが使えなくなったり、人工衛星にトラブルが発生したりしました。

2003年11月のフレアの規模はX45、通常のX1のフレアの45倍の規模と推定されています。しかし、これが最大のフレアというわけではありません。

観測史上最大のフレアは1859年に発生しました。観測したイギリスの天文学者リチャード・C・キャリントンの名を取って、キャリントンフレアと呼ばれています。その規模はX100、つまり通常のフレアの100倍程度の規模だったと推測されています。この時には、当時アメリカやヨーロッパで普及しはじめていた電信網が、壊滅的な打撃を受けました。電線が火花を発したとか、電信局で火災が起きたとか報告されています。

これがスーパーフレアと呼ばれるものです。

確率は400年に1回？

スーパーフレアが起きる可能性はどれぐらいでしょうか。その参考になる研究があります。

2012年、京都大学の柴田一成教授らのグループが、太陽に似た8万3000個の恒星の明るさのデータを分析しました。その結果、9ヶ月の間に148個の恒星でスーパーフレアが起きていることが明

らかになったのです。中には、キャリントンフレアの10倍から100倍の規模の超スーパーフレアもいくつか見つかりました。

9ヶ月で148個ですから、1年間で約200個。8万3000個の恒星のうち、約400個に1個です。

我々の太陽は、宇宙でもありふれた、典型的なG型恒星です。柴田教授らの観測結果が太陽にも当てはまるなら、太陽は約400年に1回の確率でスーパーフレアを起こすことになります。

『プロジェクトぴあの』の中では、キャリントンフレアの約2倍、X200のスーパーフレアが起きると想定しました。現代にこうしたことが起きたら、地球全域で途方もない被害が発生するでしょう。19世紀とは比べものにならないほど、送電線と通信ケーブルが地球をびっしり覆っているからです。スーパーフレアが発生したら、世界中で電気製品が発火したり、大規模な停電が発生したりすると予想されます。

現代の文明は、電気と通信によって維持されているといっても過言ではありません。想像してみてください。それが麻痺したらどうなるでしょうか。

もちろん火災も起きるでしょうが、もっと深刻なのは大規模な停電による治安の悪化でしょう。街が真っ暗になり、警報装置や監視カメラも役に立たなくなったら、それをいいことに犯罪が増加すると予想されます。電話も不通になるでしょうから、警察を呼ぶこともできません。ここぞとばかり、デマを流してパニックをあおる者も現われるでしょう。

冷凍庫や冷蔵庫の電力も長時間停止するので、大量の食品がだめになると予想されます。コンビニやスーパーではレジが使えませんし、鉄道が動かないので物資の輸送も滞るでしょう。原発は

スーパーフレア発生の予報が出たらただちに停止し、電源喪失に備えるべきでしょう。

事前に対策を立てていなかった場合、全世界でどれぐらいの人が死ぬのか、見当がつきません。

しかし、こうした問題はまだほとんど議論されていません。何度も映画の題材になった小惑星衝突と違い、スーパーフレアの知名度は低いのです。そのため、関心も低く、起きた場合の対策などまったく考えられていないのが現状です。たとえスーパーフレアのことを知っていても、「そんなことはめったに起きない」と思っている人が多いのではないかと思われます。

繰り返しますが、起きる確率は400年に1回です。

あなたが80年生きるとしたら、一生のうちにスーパーフレアに遭遇する確率は、18％ぐらいあるはずです。

第 7 章

福島の野菜をじゃんじゃん食べよう！
――小さすぎるリスクを恐れる必要はない

「山本弘は御用学者」?

　前から気になっていたのですが、どうも僕は一部の人から「御用学者」と思われているようです（笑）。試しに「山本弘　御用学者」で検索すると、「原発推進者リスト　［御用学者］」というリストが見つかり、そこに僕の名前が載っていたのです。
　どうやら2011年3月21日の自分のブログで「福島産の農産物をじゃんじゃん食べよう！」などと書いたために、「原発を擁護するために安全論をばらまいているんだろう」と誤解されたようです。**僕はずっと前から反原発派**なのですが。
　僕がブログで何を書いたかというと、自然放射能を少し上回る程度の被曝は問題にならないことを説明したうえで、こう呼びかけたのです。

　　確かに放射線を警戒する必要はある。しかし、ものすごく少ない放射線を恐れたり、汚染されているはずのない食品まで忌み嫌うのはおかしい。繰り返すが、規制値以下や、規制値を数倍上回るぐらいの放射線で害を受けるなんて、科学的にありえないことなのだ。
　　無論、ただ心の中で不安に思っているだけならかまわない。
　　しかし、「福島県産の農作物は食べない」とかいう実際の行動に発展するのは、絶対にいけない。スーパーなども販売を見合わせないでほしい。それは現地の農業関係者にダメージを与えることになり、復興を遅らせることになる。

第7章　福島の野菜をじゃんじゃん食べよう！

　もちろん出荷前に放射線量を確認し、規制値を上回るものは出荷停止しなくてはならない。しかし、安全と判断されて出荷されたものに関しては、じゃんじゃん食べるべきである。それは大局的に見れば被災地の支援にもつながる。

▶http://hirorin.otaden.jp/e163281.html

　ツイッターでは、僕のことを「食品検査をやる前から『福島産の農産物をじゃんじゃん食べよう！』ってトンデモ以外の何物でもないですよね」などと批判している人もいました。僕がちゃんと「もちろん出荷前に放射線量を確認し、規制値を上回るものは出荷停止しなくてはならない」と書いているのを見落としたようです。

　ここでは、福島の野菜はまったく安全であることを、あらためて説明しようと思います。
　なお、以下の記述はおもに原子力資料情報室のサイトのデータを参考にしています。

▶原子力資料情報室（http://www.cnic.jp/）

　世の中には「御用学者の言うことは信用できない！」と言う人がいますが、この原子力資料情報室は**反原発系のサイト**です。念のため。

ベクレルとシーベルトについておさらい

　まずは基本的なことから。
　これだけニュースで報じられているのに、いまだに「ベクレ

ル」「シーベルト」という言葉の意味が分かっていない人が多いのに驚きます。そんなに難しいことではないはずなのですが、「自分には科学のことなんか難しくて分からない」と思って、最初から理解することをあきらめているのかもしれません。
　この機会におさらいしておきましょう。
　放射性元素は崩壊する時に放射線を出します。ベクレルというのは、放射性元素を含む物質が1秒間に出す放射線の数を表わします。100万ベクレルなら1秒間に100万回、放射線を出すわけです。
　当然、ベクレルが大きいほど危険ということになりますが、単にベクレルの数字を見ただけでは、人体にとってどれぐらい有害かは分かりません。
　放射線が人体に及ぼす影響の大きさを「線量当量」と言います。その単位がシーベルトです。被曝の危険性を考える際に参考すべきなのは、ベクレルではなくシーベルトです。よく使われている「ミリシーベルト」は、1シーベルトの1000分の1です。
　同じ100万ベクレルの放射性物質でも、それが人体にとって何ミリシーベルトになるかは、条件によって大きく異なります。
　第一に、放射線にはアルファ線・ベータ線・ガンマ線・中性子線などいろいろな種類があり、それぞれに性質がまったく異なります。同じ100万ベクレルでも、それがアルファ線かベータ線かガンマ線かで、人体への影響は違ってくるのです。
　第二に、同じ種類の放射線でも、放射性元素の種類（核種と言います）によってエネルギーの大きさは異なります。たとえばベータ線のエネルギーを比較すると、ヨウ素131は15万4000電子ボルトですが、コバルト60では31万8000電子ボルト、セシウム137

では51万4000電子ボルトです。ベータ線だけを見ると（実際にはガンマ線も出ているのですが）、セシウムはヨウ素の3倍以上も強力ということになります。

　野球でバッターがデッドボールを受けるところを想像してみてください。そのボールが時速50kmぐらいのひょろひょろ球か、時速150kmぐらいの豪速球かで、体に受けるダメージはまったく違うはずです。放射線の場合もそれと同じで、同じ100ベクレルの放射線でも、その強度によって人体への影響の大きさは異なるのです。

体内被曝が危険な理由

　第三に、放射性物質が体内にあるか体外にあるかで、影響はまったく異なります。
　たとえばアルファ線は空気中で急激に減衰しますし、紙1枚で遮られます。体の外からアルファ線を浴びても、そのほとんどは空気に遮られるか、皮膚の表面で止まってしまい、内臓や筋肉への影響はほとんどありません。
　しかし、アルファ線を放つ核種の微粒子が体内に入ると、体内で放射線を放って、至近距離から内臓や骨の細胞を傷つけるため、危険性は跳ね上がります。よく「体内被曝は体外被曝より危険」と言われるのはそのためです。
　以前、時計の文字盤の塗料にラジウムが使われていたことがあります。ラジウム226はアルファ線を出します。ラジウムを蛍光塗料に混ぜると、蛍光塗料がアルファ線を受けて光るので、暗闇でも文字盤が見えるのです。

僕の家にも子供の頃、暗闇で文字盤が光る古い時計がありました。あれもラジウムが使われていたのでしょう。
　時計の文字盤に使われていたラジウムは、時計一個あたり100～3700ベクレルです。先に書いたように、アルファ線は皮膚に届いてもそこで遮られるので安全です。
　ラジウムはガンマ線も出していますが、これもたいしたことはありません。1mの距離に100万ベクレルのラジウムがあった場合、ガンマ線によって1日に0.0054ミリシーベルト被曝するとされています。3700ベクレルなら0.00002ミリシーベルト。100年間ずっと時計を1mの距離に置いていても（そんなことはありえませんが）、被曝量は0.1ミリシーベルトに届かないのです。まったく問題にならない数字です。
　そう、ラジウム入り塗料の使われている時計を身近に置いておいても、人体に害はまったくありません。
　ラジウムを口に入れない限りは。
　20世紀の初頭、アメリカで、文字盤に塗料を塗るダイヤルペインターと呼ばれる職業の人（ほとんどが女性でした）の中に、貧血、白血球の減少、骨肉種などの症状に苦しむ人が多発し、死者も続出しました。調べてみると、彼女たちは文字盤に塗料を塗る時、筆の先をなめて尖らせていたことが分かりました。そのため、塗料に含まれていたラジウムが体内に入り、放射線障害を惹き起こしてしまったのです。
　ラジウムは化学的な性質がカルシウムに似ています。そのため、体内に入ると、カルシウムと同様、骨に集まり、骨の中にある造血幹細胞に障害が発生するのです。
　第四に、放射性元素が体内に入る経路も問題です。水や食べ物

に混じって口から消化器に入るのか、あるいは空気に混じって肺から入るのか。

　さらにその元素の化学的性質も考慮しなくてはなりません。人体に吸収されやすい元素と吸収されにくい元素があります。また、いったんは吸収されても、しだいに体の外に排出されてゆくのが普通です。

　体内に吸収された放射性元素が排出されて半分に減るまでの時間を「生物学的半減期」と言います。生物学的半減期が長いほど、放射性元素は長く体内にとどまり、それだけ影響も大きくなります。

　たとえばラドン222という元素は気体なので、食物には含まれず、もっぱら呼吸によって肺に入ってきます。しかし呼吸によって出てゆくので、長くは体内にとどまりません。生物学的半減期が短いのです。仮に100万ベクレルものラドン222を吸入したとしても、その被曝量は6.5ミリシーベルト程度です。

プルトニウムは飲んでも安全？

　厄介なのはプルトニウムなどの金属の微粒子です。これを空気といっしょに吸いこんでしまうと、肺の内部に付着して、なかなか出ていきません。体内で何年も何年も放射線を出し続けるのです。

　1993年のこと、動力炉・核燃料開発事業団（現・日本原子力研究開発機構）が『プルトニウム物語　頼れる仲間プルト君』という広報用アニメビデオを制作しました。その中では、プルトニウムを擬人化した「プルト君」というマスコット・キャラクターが、プ

ルトニウムの安全性を強調するため、こんな説明をしていました。
「今、悪者たちが僕を貯水池に投げこんだとしてみましょう。僕は水に溶けにくいばかりか、重いため、ほとんど水底に沈んでしまいます。万一、水といっしょに飲みこまれてしまっても、胃や腸からはほとんど吸収されず、体の外に出てしまいます」

　ビデオの中では、少年がプルト君と握手しながら、プルトニウムが入っているらしいコップの水を楽しそうに飲んでいる場面が描かれていて、問題になりました。当然でしょう。いくらなんでも配慮が足りませんね。

　ただし、この説明自体は科学的に間違ってはいません。確かに貯水池にプルトニウムが投げこまれても、人体にはほとんど影響はないのです。

　原子炉内にあるプルトニウムにはいくつもの種類（同位元素）がありますが、中でも放射線の強度が高いのはプルトニウム238です。これを基準に考えてみましょう。

　貯水池には普通、1000万t以上の水が蓄えられています。ここに100kgぐらいのプルトニウムを投入しても、濃度は1億分の1ぐらいでしかありません。実際には、ビデオの解説にもあるようにプルトニウムは水に溶けにくいので、ほとんど底に沈んでしまいますから、濃度はもっと低いはずです。

　プルトニウム238の放射能の量は、1kgあたり11兆3000億ベクレルです。仮に水に含まれるプルトニウムの濃度を1億分の1とすると、1kg（1リットル）飲むと、0.01mgのプルトニウムが体内に入ります。その放射能は11万3000ベクレルです。

　11万3000ベクレルのプルトニウム238の不溶性酸化物を口から摂取した場合、被曝量は約1ミリシーベルトです。飲み続ければ

害になる量ですが、1回や2回飲んだぐらいでは、即座に健康に影響が出るはずがありません。しかもこれは濃度を「1億分の1」と大きく見積もった量ですから、実際の被曝量はもっと少ないはずです。

　ところが、同じ11万3000ベクレルのプルトニウムを肺から吸入した場合、被曝量はなんと1200ミリシーベルト（1.2シーベルト）！　これはかなり危険な量です。4シーベルトをいっぺんに被曝すると50%の人が、7シーベルトで99%の人が死亡すると言われています。

　0.01mgのプルトニウムというと、直径は0.1mm以下、ほとんど肉眼では見えない大きさです。そんな小さな粒子でも、いくつか肺に吸いこむだけで死に至るのです。

　プルト君の説明のどこがおかしいかというと、悪者がプルトニウムを貯水池に投げこむことしか想定していないことです。同じ量のプルトニウムでも、口から飲んだ場合と肺から吸入した場合では、被曝量は1000倍以上も違うのです。

　頭のいい悪者なら、貯水池に投げこんだりせず、微細な粉末にして空気中にばらまくことを考えるでしょう。

　ビデオの中では、「吸いこまれた場合、一部は吐く息とともに吐き出されますが、場合によっては肺に入りこんだものが、骨、肝臓などに移り、長い間にわたってアルファ線を出し続けます」とも解説されています。しかし、それがどれほど危険かは具体的に触れません。そこを説明してしまうと、プルトニウムの危険性がバレてしまうからでしょう。

　2005年12月25日、九州電力玄海原発へのプルサーマル導入の安全性をめぐり、佐賀県唐津市で開かれた公開討論会で、東大大学

院の大橋弘忠教授が「プルトニウムは実際には何もこわいことはない。水に溶けないので飲んでも体内で吸収されず、体外に排出されるだけだ」と発言して、やはり後で大きな批判にさらされました。

「プルトニウムは飲んでも安全」というのは、たとえて言うなら「銃はなめても安全」と言っているようなものです。最も危険な可能性から目をそらしているのです。

シーベルトを計算してみよう

科学者たちは長年、放射性物質が出す放射線の種類や強度はもちろん、体内に入った場合の生物学的半減期についても研究を続けてきました。そして、「この種類の放射性元素が〇〇ベクレル体内に入ったら、人体に××シーベルトの影響がある」という数値を求めました。

それは「実効線量係数」と呼ばれています。当然、元素の種類ごとや、どうやって摂取するかによって、実効線量係数はみんな違います。

ベクレルからシーベルトへの換算はとても簡単です。先に紹介した原子力資料情報室のサイトには、主要な放射性元素の実効線量係数が全部載っています。単位は「ミリシーベルト／ベクレル」です。それをベクレルに掛ければいいだけです。

ベクレル×実効線量係数（ミリシーベルト／ベクレル）
＝ミリシーベルト

第7章　福島の野菜をじゃんじゃん食べよう！

　ほら、こんな計算なら小学校高学年でもできるでしょう？
　たとえばセシウム137の場合、実効線量係数はこうなっています。

吸入摂取した場合　6.7×10^{-6}（ミリシーベルト／ベクレル）
経口摂取した場合　1.3×10^{-5}（ミリシーベルト／ベクレル）

▶原子力資料情報室／セシウム－137（^{137}Cs）
http://www.cnic.jp/knowledge/2597

　セシウム137の場合、吸入するより経口摂取した場合の方が、約2倍、影響が大きいのです。たとえば100万ベクレルのセシウム137を吸入摂取すると、被曝量は6.7ミリシーベルトですが、同じ量を経口摂取すると13ミリシーベルト被曝します。

基準値ぎりぎりの野菜を食べ続けたら？

　2012年4月から、野菜に含まれるセシウム137の基準値は、それまでの1kgあたり500ベクレルから、1kgあたり100ベクレルにきびしくなりました。僕はこの「1kgあたり100ベクレル」という基準はナンセンスで、500ベクレルで十分だと思っています。その理由はこれから述べます。
　まず、基準値ぎりぎりの野菜を食べ続けた場合の被曝量を計算してみましょう。
　現在、日本人の野菜の平均摂取量は、1日あたり平均280.9gだそうです。

▶一般社団法人ファイブ・ア・デイ協会
http://www.5aday.net/data/intake/index.html

　仮に1kgあたり100ベクレルのセシウムが入っている野菜を一日に280.9g、1年間で103kg食べたとすると、

　　100（ベクレル／kg）×103（kg）＝10300（ベクレル）

となり、約1万ベクレルを摂取することになります。セシウム137を1万ベクレル経口摂取した場合の被曝量は0.13ミリシーベルトです。（幼児の場合の実効線量係数は大人よりやや高くなりますが、幼児は野菜を食べる量も少ないので、被曝量も少なくなります）
　1年間ずっと食べ続けても、被曝量は1ミリシーベルトにも達しないのです。
　しかもこれは、基準値ぎりぎりの野菜を1年中食べ続けるという、現実にはとうていありえない仮定を元にしています。スーパーに行けば日本全国の野菜、さらには海外からの輸入野菜も並んでいます。たまたま手にした野菜が福島産である確率は数十分の一にすぎませんし、もちろん福島産の野菜の放射線量がすべて基準値ぎりぎりということもありえません。そのほとんどは、基準値の何分の一、何十分の一という量のはずです。
　そう考えると、福島産の野菜によって被曝する量は、0.13ミリシーベルトよりずっと少ないと推測できます。その被曝の影響など、まったく考える必要はないのです。
　「でも、もしかしたら検査をすりぬけて、基準値より高い野菜が市場に出回ってしまうこともあるのでは？」

そう思われるかもしれません。心配ご無用。たとえそうした基準値オーバーの野菜を食べても、一回ぐらいなら何の影響もありません。

1回の食事で口にする野菜は100ｇ前後でしょう。仮にそれが基準値の100倍、1kgあたり1万ベクレルのセシウム137を含んでいたとしても、体内に入る量は1000ベクレル。その被曝量は、わずか0.013ミリシーベルトです。

カリウム40からの被曝量

「それでも不安だ！　1ベクレルの放射性物質も口に入れたくない！」

そうヒステリックにわめく方もおられるかもしれません。でも、それは不可能なのです。放射性物質は自然界にも存在していて、僕らは常にそれを食べているのですから。

たとえばカリウム40という放射性元素があります。これは天然のカリウムの中に0.0117％の割合で存在しています。そしてカリウムは生物にとっての必須元素であり、カリウム40はほとんどすべての食品に含まれています。

カリウム1ｇには30.4ベクレルのカリウム40が含まれています。つまり食品中に含まれるカリウムの量が分かれば、そこからカリウム40による被曝量も導けるわけです。

▶栄養素別食品一覧／カリウム
http://www.eiyoukeisan.com/calorie/nut_list/kalium.html

このリストは食品100ｇあたりのカリウムの量をmg単位で表わ

したものです。たとえば、とろろ昆布100gには、4800mg（4.88g）のカリウムが含まれていることが分かります。この表の数字に30.4を掛ければ、100gあたりのベクレルが求められるわけです。

　この表を元に、特にカリウム40の多い食品をいくつか挙げてみましょう。

食品	100gあたりのカリウム	カリウム40の量
とろろこんぶ	4800mg	150ベクレル
ひじき（乾燥）	4400mg	130ベクレル
焼きのり	2400mg	73ベクレル
干ししいたけ	2100mg	64ベクレル
大豆（乾燥）	1900mg	57ベクレル
カレー粉	1700mg	52ベクレル
ポテトチップス	1200mg	36ベクレル
するめ	1100mg	33ベクレル
かつおぶし	940mg	29ベクレル
ビーフジャーキー	760mg	23ベクレル
納豆	660mg	20ベクレル
フライドポテト	66mg	20ベクレル

　他にもたくさんの食品に、100gあたり10ベクレル（1kgあたり100ベクレル）以上のカリウム40が含まれています。生きている限り、これを避けることはできません。

　カリウム40を経口摂取した場合の実効線量係数は、セシウム137の約半分です。つまりカリウム40の200ベクレルは、セシウム137の100ベクレルに相当するわけです。

第7章　福島の野菜をじゃんじゃん食べよう！

　もっと分かりやすく言えば、**1kgあたり100ベクレルのセシウム137を含む野菜を食べた場合の被曝量は、同じ重量の納豆やフライドポテトを食べた場合のカリウム40による被曝量と、ほぼ同じなのです。**

　2012年4月9日、千葉県白井市で、露地栽培された原木シイタケから、基準値を超える1kgあたり740ベクレルの放射性セシウムが検出されたと報道されました。基準値の7倍というと、ずいぶん危険なように聞こえます。

　仮にこのシイタケを100g食べて、74ベクレルのセシウム137が体内に入ったとしても、それによる被曝量は0.00096ミリシーベルト。これは、**とろろこんぶを100g食べたのと、ほぼ同じぐらいの被曝量**なのです。

　だから僕は、「1kgあたり100ベクレル」という基準をナンセンスだと思っています。この被曝量をカリウム40に当てはめたら、納豆もフライドポテトもするめも煮干しも基準をオーバーしてしまい、食べてはいけないことになってしまうからです。（1kgあたり500ベクレルという基準でも、とろろこんぶはオーバーしてしまうのですが）

カリウムは人間にとって必要な元素

「カリウムを摂取すると被曝するのか。だったらカリウムの入った食品は避けた方がいい」

　もしかしたら、そう誤解される方がおられるかもしれません。しかし、それは大変に危険な考えです。カリウムは健康にとって重要なのです。

▶カリウム欠乏症・過剰症
http://vitamine.jp/minera/kari03.html

　人体は常にカリウムを排出していますが、同時に食物からカリウムを摂取しているため、体内のカリウムの量はほぼ一定に保たれています。もしカリウムが足りなくなると、低カリウム血症になり、脱力感、無関心、無気力、筋力低下、食欲不振、吐き気、いらだちなどに悩まされることになります。重度の低カリウム血症では、筋肉麻痺、横隔膜の不動、呼吸不全なども起こります
　数十億年の長い進化の歴史の中で、生物はカリウムを利用する体に進化してきました。カリウムを毎日摂取することによって健康が保たれているのです。カリウムなしで人間は生きられません。
　成人の体内には、およそ4000ベクレルのカリウム40が常に存在しています。これによって、生殖腺に対して年間0.18ミリシーベルト、骨に対して年間0.14ミリシーベルト被曝していると言われています。
　当然、人によってカリウムの摂取量は違いますから、被曝量にも何パーセントかの個人差があるはずです。普段からほうれん草や納豆や昆布やわかめをたくさん食べている人は、平均的な人より被曝量は少し多いはずです。
　だからとろろこんぶを100g食べて、被曝量が0.001ミリシーベルトぐらい増えたところで、何の問題もないのです。

人間は自然の状態でも被曝している

　おかしな話だと思いませんか？　セシウムの基準値を1kgあたり100ベクレルと定めた人は、カリウムの放射線は無視している

のにセシウムだけを警戒しています。「人工の放射能は自然の放射能よりはるかに危険」とでも思っているのでしょうか。

いえ、実際そう思っている人がいるようなのです。ネットでは「人体はセシウムを排出できない」という珍説を唱える人がいます。カリウムは自然界に存在する元素だから、人体はそれを排出する機能を持っている。セシウムは自然界にない元素だから排出できない……というのです。

これは明らかに間違った説です。セシウムはナトリウムやカリウムと同じアルカリ金属の仲間で、化学的な性質もナトリウムやカリウムに似ています。つまりナトリウムやカリウムのように排出されるはずなのです。実際、尿検査で微量のセシウムが検出されることがありますから、セシウムが排出されていることは明らかです。

カリウム40以外にも、自然界には炭素14という放射性元素もあります。炭素は生命を構成する基本元素なので、炭素14もあらゆる食品中に存在します。

たとえば、でんぷん1kgの中には440gの炭素が含まれています。炭素1gあたり0.23ベクレルの炭素14が含まれていることから、でんぷん1kgには約100ベクレルの炭素14が含まれていると推定されます。

ちなみに、大気圏内核実験が行なわれていた1960年代には、その影響で炭素14の比率も高くなり、一時期、核実験開始前の約2倍、炭素1gあたり0.45ベクレルに達したそうです。

成人の体内には約16kgの炭素があるので、約3700ベクレルの炭素14が常に存在していることになります。

炭素14の実効線量係数はセシウム137の20分の1以下なので、

影響も小さいのですが、それでも骨格組織に年間0.024ミリシーベルト、生殖腺組織に年間0.05ミリシーベルト被曝しています。
　これが人間の自然の状態なのです。

福島県のがんによる死者の数

　そもそも、人体にとって1ミリシーベルトというのはどれぐらい危険なのでしょうか？
　実は100ミリシーベルト以下の被曝の影響については、よく分かっていません。というのも、小さすぎて分からないからです。なぜなのかを説明しましょう。

▶独立行政法人国立がん研究センターがん対策情報センター
がん情報サービス
http://ganjoho.jp/professional/index.html

　このサイトから「全がん死亡数・粗死亡率・年齢調整死亡率（1995年～2013年）」というファイルをダウンロードし、福島県の人口10万人あたりのがんによる死亡者（75歳以下）のデータを見てみます。
　なぜ75歳以下かというと、がんは高齢者ほどかかりやすい病気なので、日本が高齢化するにつれ、がんによる死亡者も自然に増加しているからです。高齢者の増加の影響を無視して、放射線などの要因による死亡者の増加を調べたいなら、75歳以下の人だけに注目した方が正確なのです。
　福島県の人口10万人あたりのがんによる死亡者は、次の通りです。

第7章　福島の野菜をじゃんじゃん食べよう！

年次	死亡者数
1995年	102.2人
1996年	107.3人
1997年	103.2人
1998年	101.4人
1999年	101.1人
2000年	99.5人
2001年	101.6人
2002年	95.0人
2003年	87.3人
2004年	94.9人
2005年	90.5人
2006年	88.4人
2007年	87.9人
2008年	84.7人
2009年	84.8人
2010年	84.0人
2011年	81.9人
2012年	83.1人
2013年	79.8人

　ご覧の通り、福島県ではがんによる死者がずっと減り続けています。この18年間に10万人あたり21.4人（22％）も少なくなっているのです。年に1％以上のペースで減少していることになります。おそらく、がん予防や医療の進歩のおかげでしょう。
　これは福島県だけではなく、全国的な兆候です。日本全国で見

ると、1995年には10万あたり108.4人だった75歳以下の死者が、2013年には80.1人になっています。26％も減少したことになります。

しかも福島のデータをよく見ると、死者の数はなだらかに下がっているわけではなく、1996年、2001年、2004年には、前年より何％も増加しています。原発(げんぱつ)事故などなくても、こんな風に突発(とっぱつ)的(てき)に何％も死者が増える年があるということです。（原発事故の翌年の2012年にもはね上がっていますが、2013年にはまた減少しています）

仮に福島県民全員が100ミリシーベルト被曝(ひばく)するという極端な状況を考えてみても、それによる死者の増加は1％以下でしょう。もちろん、実際には100ミリシーベルトも被曝(ひばく)する人はほとんどいないでしょうから、原発事故の影響でがんで死ぬ人が増えるとしても、0.0何％というレベルだと考えられます。

それは統計(とうけい)に表われません。死亡率の減少がそれを上回っているからです。

仮に何年か先に、福島でがんによる死亡率が急増する年があったとしても、それは放射線のせいかどうかは分かりません。1996年、2001年、2004年にあったような、突発的(とっぱつてき)な増加かもしれないのですから。

動物実験にも同じことが言えます。数十ミリシーベルト程度の低い線量(せんりょう)の放射線をマウスやラットに当てて、死亡率の増加を見ようとしても、放射線の影響は偶然による死亡率の変動(へんどう)に埋もれてしまうでしょう。

それがすなわち、「100ミリシーベルト以下の放射線の影響はよく分からない」ということなのです。

野菜を食べてがんを予防しよう

　誤解なきように。僕は「福島第一原発事故の放射能で人は死なない」と言っているのではありません。おそらく人は死ぬでしょう。しかし、それは統計によって証明されない可能性が高いのです。コンマ数パーセント程度の死亡率の増加は、放射線以外の様々な要因に埋もれてしまうからです。

　さらにこのデータを見てみると、興味深いことに気づきます。がんによる死亡率には大きな地域差があることです。

　原発事故が起きる前の年、2010年のデータを見ると、全国平均では84.3人。最高は青森の101.1人、最低は長野では67.3人。最高と最低の間に30％以上の差があるのです。

　ちなみに死亡率ワースト1位は、2003年まで大阪だったのですが、2004年からはずっと青森。一方、長野は1995年以来、全国一低い死亡率を誇っています。

　なぜ青森と長野にはこんな差があるのでしょうか？

がん死亡率、自治体で"大きな偏り"トップは長野県、ワーストは…

　新渡戸文化短期大学の学長で医学博士の中原英臣氏は「青森県民の生活習慣には統計上、がんを招く危険因子が数多く含まれている。野菜の摂取量は少なく、飲酒率などは高い。その結果が（表に）如実に反映されている」と説明する。野菜不足は大腸がん、酒の飲み過ぎは食道がんのリスクなどを高めるという。

厚労省の国民健康・栄養調査（10年）をみると、青森の男性は、飲酒習慣者（51.6％）の割合が全国トップ。1日の食塩摂取量の多さ（13.0グラム）でも2位となるなどリスクの高い生活習慣がうかがえる。
　青森県がん・生活習慣病対策課では「もうすぐ10年連続でワーストになる。平均寿命も男女とも最下位で、県民の健康状態の改善は喫緊の課題」（担当者）と焦りを隠さない。

（中略）

　大揺れの青森とは対照的なのが長野県。95年から16年連続で、死亡率の低さでトップの座を守っている。
　「厚労省の調査で05年から10年までの20歳以上の男女の野菜摂取量が全国トップだった。肥満者の割合も8番目に低く、生活習慣病になりにくい環境が整っている」（厚労省関係者）
　長野では、住民の保健指導に当たるボランティアをほぼすべての市町村に配置。60年代から県挙げての「減塩食推進」など食生活改善運動が進められてきた。
　長野県健康長寿課は「もともとは、県内で多かった脳卒中や脳梗塞患者を減らすための運動だった。同じ生活習慣病であるがん対策にも役立った」（担当者）と胸を張る。

▶夕刊フジ2013年4月1日

　すなわち、飲酒を控え、塩分を控え、野菜をたくさん食べることによって、がんによる死亡率を何十％も減らせることが、統計によって証明されているわけです。
　放射能を恐れるあまり、福島県産の野菜を食べるのを控えるのは、賢明ではありません。そんなことをして被曝量をコンマ何ミ

リシーベルトか下げても、がんによる死亡率をコンマ00何％か減らせるだけです。その影響は目に見えないほど小さいものです。

　それどころか、野菜を食べることを控えたら、かえってがんになる確率が何十％も高くなるかもしれません。

　だから福島の野菜はじゃんじゃん食べた方がいいのです。それはがんの予防に役立つだけでなく、福島の農家を応援することにもなります。

　それでもなお、「0.1ミリシーベルトでも被曝量が増えるのは不安だ」という人には、こんなデータも紹介しておきましょう。日本の県別自然放射線量です。

▶全国の自然放射線量
http://www.jsdi.or.jp/~y_ide/991115ken.htm

　大地に含まれる鉱物からも放射線は出ていますが、その量は地域によって差があります。全国平均は年間0.99ミリシーベルトですが、がんによる死亡率の高い青森は平均以下の0.86ミリシーベルト、逆に死亡率の低い長野は平均以上の1.02ミリシーベルトです。つまりコンマ何ミリシーベルトという被曝量の差は、がんによる死亡率に影響しないということです。

　先に、セシウム137が1kgあたり100ベクレル含まれる野菜を1年間食べ続けると0.13ミリシーベルト被曝すると書きましたが、これがどれぐらいの被曝量の増加かというと、京都（1.03ミリシーベルト）から隣の滋賀（1.16ミリシーベルト）に引っ越すぐらいなのです。

　「滋賀に引っ越したら年間被曝量が0.13ミリシーベルトも増加する！　こわい！」と思う京都人はいないはずです。

第 8 章

原発はこわい？こわくない？
――リスクの計算が困難であること

僕の反原発論

　先にも書きましたが、僕のことを「御用学者」と呼ぶ人がいます。
　そもそも高卒の学歴しかない僕が「学者」と呼ばれるのも変だけど、「御用」の意味が分かりません。僕が政府か東電から金をもらっていると思っているのでしょうか？
　僕はずっと以前から反原発派です。たとえば2007年に出版した『"環境問題のウソ"のウソ』（楽工社）のあとがきでは、こんなことを書きました。

　　　たとえば僕は原発をこれ以上増やすのには反対である。しかし、「原発をなくすのが正しいことだ」とは言わない。なぜなら、自分の考えが漠然とした不安にすぎず、客観的なデータに基づくものではないと分かっているからだ。
　　　僕が恐れているのは深刻な原発事故が起きることである。狭い日本で大規模な放射能汚染が発生したら、どれぐらいの範囲が汚染されるか、どれほどの被害が出るか、予想できない。
　　　無論、原発推進派は「事故なんて起きません。安全対策は完璧です」と言うだろう。もちろんそれは分かっている。本当に安全対策が完璧なら、心配することはない。
　　　しかし、人間は時として、とてつもなく愚かなことをする。
　　　たとえば1986年のチェルノブイリ原発事故は、低出力運転の実験中に起きた。この実験中、緊急炉心冷却装置を含

むすべての安全装置をカットした状態で、制御棒をすべて引き抜くという、とても信じられない危険な行為が行なわれた。そのせいで原子炉は制御できなくなって爆発した。

死者2名を出した1999年のJCO東海村ウラン加工施設臨界事故では、正規のマニュアルを無視した手順で作業が行なわれていたのが事故の原因だった。「ウランを大量に集めると自然に連鎖反応が起きる」という原子力についての初歩的知識が、作業員に徹底されていなかったのだ。

2004年、美浜原発3号機の蒸気漏れ事故では、4人が死亡、7人が重軽傷を負った。事故を起こした配管は、1991年に寿命が切れていたにもかかわらず交換されていなかった。設置時には厚さが10ミリあったが、内部を通る冷却水によって磨耗し、事故当時はわずか1.4ミリにまで薄くなっていた。

どれも信じられない話である。小説で書いたら「そんなバカなことはありえない」「リアリティがない」と言われるに違いない。でも、これが現実なのだ。

じゃあ、日本で近い将来、重大な原発事故が起きる可能性はどれぐらいか？

そんなの分からない。「かなり小さい確率だけどゼロじゃない」としか言いようがない。「原発に勤める職員が信じられないほどバカなミスをやる確率」なんて、誰に計算できるというのか。

分からない、という点が、僕はこわい。だから少しでも確率を減らしたくて、原発を増やすのに反対している。

▶『"環境問題のウソ"のウソ』328－330ページ

この文章を書いた4年後、心配していた「深刻な原発事故」が、まさに現実に起きてしまったわけです。
　しかし、「予言が当たった」とはしゃぐ気にはなれませんでした。不安が的中したって嬉しくなんかありません。原発事故なんて起きない方がいいに決まっているのです。

「信じられないほどバカなミス」が原発事故を招いた

　ニュースを見ていくうちに分かってきたのは、福島第一原発の事故の原因が、「原発に勤める職員」が「信じられないほどバカなミス」を犯したのではなく、「原発を作った人間」が信じられないほどバカなミスを、それもいくつもやらかしていたという事実でした。
　第一のミスはもちろん、津波による被害を過小評価していたことです。
　福島第一原発の地震に対する備えは、ほぼ万全と言っていいものでした。地震発生の直後、運転中だった1号機から3号機は、自動的に緊急停止しています。送電線の鉄塔が倒壊し、外部電源が失われましたが、ただちに非常用ディーゼル発電機が起動して、冷却水のポンプを動かし続けました。そのままなら大事故に発展する可能性はなかったのです。
　しかし地震発生の41分後、津波が襲ってきました。福島第一原発にも防波堤はありましたが、津波の最大波高を6.5mと想定しており、防波堤の最も高い部分でも7mの高さしかありませんでした。そのため、高さ13mの津波を防げなかったのです。歴史を見れば、10m以上の津波もありうると分かっていたはずなのです

が。

　第二のミスは、非常用ディーゼル発電機を設置した建物が、海抜10mほどの低い場所に建てられていたことです。しかも非常用バッテリーも同じ建物の中にありました。本来なら、発電機が故障した場合のバックアップとしてバッテリーがあるのですが、津波の被害を受け、同時に壊れてしまったのです。

　これを知った時には唖然となりました。設計者は何を考えていたのでしょう。本来なら発電機とバッテリーは別々の場所に配置すべきなのです。同時に被害を受けるような場所に設置したら、バックアップの意味がありません。

　福島第一原発の1号機には、IC（非常用復水器）という装置もありました。原子炉から出る蒸気を水に戻す装置で、ポンプを使用しておらず、重力で水を原子炉に送りこみます。その名の通り非常用のシステムで、実際、1号機のICは、地震発生と同時に作動していました。

　ところがICは、電源が喪失すると弁が閉じる構造になっていたのです。しかも原発で働く職員は誰も、そんな構造になっているという事実を知らされていませんでした。そのため、電源が落ちている間も、ICが作動していると思いこんでいたのです。これが事故の拡大につながりました。

　他にも、圧力容器の水位計に欠陥があり、正しい水位を示していなかったことが分かっています。そのため、職員たちは容器内にまだ十分な水があると錯覚したのです。

　また、緊急時のマニュアルには、電源喪失が長時間続くことが想定されていませんでした。電源が一時的に失われても、すぐに復旧するという前提で、対策が立てられていたのです。

こうしたことをみんな「想定外」と言ってしまっていいのでしょうか？　特に水位計の欠陥は、1979年のスリーマイル島原発事故を招いた原因のひとつでもあるので、想定していないといけなかったはずなのですが。

　福島第一原発の事故は、人間がいかに大きなものを見落としてしまうかを教えてくれます。原発の設計や運営には多くの専門家が関わったはずですが、その中の誰一人として、「7mの防波堤では大きな津波を防げないんじゃないか」とか「非常用発電機とバッテリーを同じ場所に置いてはいけないんじゃないか」とか「ICの構造を職員に教えておかないといけないのでは」とかいった大事なことを思いつかなかったらしいのです。

　福島第一原発の事故をきっかけに、原発の安全性が見直されています。ここで指摘したような欠陥は、おそらく改良され、同様のことは二度と起きないでしょう。

　でも、それで安全になったと言えるのでしょうか？　多くの専門家が、いくつもの明白な欠陥を見落としていたという事実を考えてみると、まだ見落とされている欠陥がどこかにあるのではないか……と不安になります。

なぜテロの可能性を心配しない？

　原発には他にも危険があります。テロの可能性です。

　福島第一原発の事故は、全世界のテロリストに重大なヒントを与えたはずです。原子炉の格納容器自体はきわめて頑丈で、ちょっとやそっとで破壊できるものではありません。しかし、電源が喪失すれば原子炉は制御できなくなって爆発するということが知

れ渡ったのです。

　おそらく福島第一原発の事故以降、世界中でいくつもの組織が、「どうすれば原発を破壊できるか」を研究し、シミュレーションを行なっているはずです。鉄塔を倒したり、非常用の発電設備を破壊するだけなら、少人数のコマンド部隊と強力な爆弾が何個かあれば可能でしょう。そうした計画を誰かが考えていないはずがありません。

　もちろん、そのターゲットが日本である可能性もあります。「日本の防衛」というと、某国からミサイルが飛んでくることや、海から軍艦が来ることを想定している人が多いようです。しかし、攻撃する側の立場にしてみれば、相手国の占領が目的ではなく、とりあえず破壊と混乱をもたらして脅威を与えたいだけであれば、ミサイルなんか撃ちこむより、少人数の集団でテロを仕掛けた方が、よっぽど安上がりで効果的です。それは9.11同時多発テロで実証されています。

　こうしたことを、SNSのある会議室で発言したところ、こんな風に反論されました。

>冷静に考えれば、原発テロは水源地に毒物を投入する以上に卑怯な攻撃だということで、実行側としては戦略的に無意味であるうえ道義的権威が台無しになるから、成果よりも政治的ダメージが大きすぎて採用されないでしょうけどね。

>しかし、戦略上、原発を襲うメリットがどれほどあるかは評価が難しいです。
>なにしろ放射性物質を漏洩させたとなれば、その主張がど

んなに正しくても国際世論を敵に回し、支持者の離反を招く恐れもあります。
＞よほど用意周到に仕掛けるか、さもなければ破滅覚悟か、と言うところでしょうね。

一見、もっともな主張のように聞こえます。
でも、想像してみてください。2001年9月11日より前に、「テロリストが旅客機をハイジャックしてニューヨークの高層ビルにぶつけ、大勢の一般人を殺傷するかもしれない」と誰かが口にしていたら、みんなどう思ったでしょう？
やっぱり「成果よりも政治的ダメージが大きすぎて採用されないでしょう」とか「メリットがどれほどあるか」とか言われて、相手にされなかったんじゃないでしょうか？
後から考えれば、あんな簡単で効果的な方法をテロリストが選択しないという根拠など、何もなかったのですが。
別の章で述べたスーパーフレアの話もそうですが、人間の想像力というのは、「すでに起きたこと」に対してしか働かないのです。まだ起きていないこと、これから起きるかもしれないことに対しては、たとえ可能性が高くても、軽視する傾向があります。
また、「起きるわけがない」と思えるのは、「そんな恐ろしいことは考えたくない」という心理が働いているとも考えられます。確かに原発がテロの標的になるのは恐ろしいことですし、起きてほしくないですね。
しかし、僕らが考えたくなくても、誰かがきっと考えているはずなのです。

20秒立っているだけで死ぬ

　原子力発電には他にも問題があります。原子炉を運転することによって発生する放射性廃棄物です。
　原子炉から出た高レベルの放射性廃棄物は、ガラス固化体の形で貯蔵されています。流出しないように高温でガラスと融かし合わされ、高さ104cm、直径43cm、重さ約500kgの円筒形ステンレス製容器に収められているのです。
　出力100万キロワットの原子力発電所を運転した場合、1年間に約30本のガラス固化体が生まれます。
　製造直後のガラス固化体は、**毎時1500シーベルト**という強烈な放射線を放っています。これはそばに20秒立っているだけで死ぬというすさまじさです。もちろん、厚いコンクリートの壁で遮蔽しておかなくてはなりません。

▶資源エネルギー庁／放射性廃棄物のホームページ
http://www.enecho.meti.go.jp/category/electricity_and_gas/nuclear/rw/

　放射線は時間とともに減少していきますが、それでもガラス固化体の放つ放射線が3000分の1に下がるのに、約1000年かかります。安全なレベルにまで下がるには10万年かかるとされています。
　いずれ深さ数百メートルの地層に埋める方針なのですが、日本ではまだその場所が決まっていません。どこの候補地でも反対運動が起きているからです。
　そのため、ガラス固化体はもう何十年も、地上の施設で保管され続けています。2014年現在、そのうち1920本は青森県六ヶ所村

の日本原燃の再処理施設内に、247本が茨城県東海村の日本原子力研究開発機構の再処理施設内にあります。

　しかも、これだけではないのです。日本で原子力発電が開始されたのは1966年ですが、それからすでに半世紀近く、2014年4月末までの間に日本中の原発で生じた高レベル放射性廃棄物は、ガラス固化体にすると、約2万4800本に達すると言われています。その多くはまだ原子炉の中にあり、処理されるのを待っているのです。

　日本が原発に頼り続けるなら、あと半世紀で、さらに何万本ものガラス固化体が生まれるはずです。

　放射線が安全なレベルになるまで、これから数千年、あるいは数万年も、廃棄物を管理し続けなくてはなりません。気の遠くなる話です。それだけの長い期間内に、まったく何も起きないと考えるのは不合理でしょう。確率的に考えれば、地震、津波、火山噴火などの自然災害が、いずれ貯蔵施設のどれかを襲うことは、偶然ではなく必然です。今後の数百年間に限定しても、テロリストに狙われる可能性、戦争が起きてミサイルが落ちる可能性は十分にあるでしょう。

　貯蔵施設が爆弾などで破壊され、ガラス固化体が飛散したら、原発事故を上回る汚染が発生するかもしれません。細かい塵を吸いこんだり、小さな破片に近づいただけで死ぬ可能性があるのです。

　どういうわけか、原発問題というと、みんな原発事故、それも原発が地震に襲われることしか考えていなくて、それ以外の問題があることを知らない人が多いように思えます。

第8章 原発はこわい？ こわくない？

原発も地球温暖化も危険

　僕の考えは、『"環境問題のウソ"のウソ』を書いた時は、まだ「漠然とした不安」にすぎず、「原発を増やすのに反対」という消極的なものでした。しかし、原発事故が現実のものとなったことで変わりました。「すべての原発はなくすべきだ」と。
　2011年11月発売のASIOS『検証　大震災の予言・陰謀論』（文芸社）の巻末座談会で、僕はこう言いました。

　山本弘　誤解されないように言っておくと、僕は以前から原発反対派なんですよ。原発はこれ以上増やさない方がいいと思ってたし、福島第一原発の事故が起きてからは特にそう思うようになりました。事故が発生した場合の影響の大きさを考えると、やっぱり原発はやめた方がいい。ただ、今すぐすべて廃止してしまうのは無理がある。電力が足りなくなることで、かえって多くの人が危険にさらされるかもしれない。代替エネルギーを確保しつつ、10年以上かけて、少しずつ廃止していくべきだろうと思うんです。
　　ただ、原発が嫌いであっても、「微量の放射線でも危険だ」という極論には与したくない。嘘で不安を煽るのは明らかに間違ってるし、被災者の差別にもつながるから。

　こういうことを言ったら、反原発派の人から非難を受けました。「原発の即時廃止を訴えないとは何事か」というのです。
　即時廃止を主張しない理由は、この発言の中で述べています。

今すぐすべての原発を廃止したら、電力不足のために混乱が起きることが予想されるからです。今は火力発電がフル稼働して電力不足を補っていますが、この状況で今度は火力発電所にトラブルが起きたら、大規模な停電が起きるかもしれません。その混乱によって大勢の人が死んだら、本末転倒です。

それに石炭や石油を燃やす火力発電に頼りきるのは、別の意味で危険です。今度はCO_2排出量が増えて、地球温暖化を加速してしまうからです。

この問題は『"環境問題のウソ"のウソ』でも論じましたが、地球温暖化というものを「少し暑くなるだけ」と軽く考えてい人が多いように思います。地球の気温が何度か上がれば、大規模な気候変動が生じ、農作物の収穫量が激減して、何億という人が死にます。その重大性が理解されていません。

石油や石炭を燃やせばCO_2が増え、ウランを燃やせば放射性廃棄物が増えます。だからこれは「火力か原子力か」という二者択一ではなく、どちらに依存するのも危険なのです。

原発の寿命も長くない

よく原子力発電がエネルギー問題の切り札のように言う人がいますが、これも正確とは言えません。

現在、日本はウランを海外からの輸入に頼っています。それも永遠に続くわけではありません。現在の可採年数（確認されている埋蔵量を年間の消費量で割った数字）は約100年とされています。新しいウランの鉱脈が見つかれば埋蔵量が増える可能性がありますが、世界に原発が増えれば消費量も増えて、逆に可採年数が短く

なることもありえます。

　高速増殖炉を用い、使用済み核燃料から新たに核燃料を作り出す「核燃料サイクル」が検討されていたこともあります。うまくいけば原子力発電の寿命を大幅に伸ばすことができると期待されていました。

　しかし、実用化のための研究目的で作られた高速増殖炉「もんじゅ」は、1995年、火災事故を起こしました。配管が壊れ、冷却材として使われている金属ナトリウムが600kg以上も漏れ出したためです。金属ナトリウムは水に触れると発火・爆発する危険な物質で、外に漏れるだけで火災の原因となるのです。

　もし高速増殖炉が大地震に見舞われ、金属ナトリウムが大量に流出したら……と考えると、背筋が寒くなります。

　2010年、「もんじゅ」の運転がようやく再開されたものの、今度は原子炉内中継装置が落下するという事故が発生。さらに点検漏れや監視カメラの故障など、次々に問題が発覚し、2014年現在、運転再開に至っていません。

　日本は核燃料サイクル実用化の研究に、45年間に10兆円を費やしたと言われていますが、それがいまだに足踏みしている状態なのです。

　核燃料サイクルが実現しなければ、あと100年で核燃料は尽きます。逆に実現したとしても、火災の危険がある高速増殖炉に依存することになり、それはそれで不安です。

　僕の信念は、「有限の資源を食い潰す文明は間違っている」というものです。

　石油や石炭にせよ、ウランにせよ、地下資源はいつか枯渇します。有限の資源に頼る文明は、いつか滅びます。これは確率の問

題ではなく、必ず起きることです。そうなる前に、現代文明のあり方そのものを変えていかなくてはいけないのです。火力や原子力に依存する文明から、クリーンで無尽蔵な代替エネルギーによって維持される文明に。

　原子力に依存しても、どうせあと100年しか続きません。その時になったら、結局、代替エネルギーに転換しなくてはならなくなります。火力→原子力→代替エネルギーと回り道するより、今から早めに代替エネルギーへの転換を進めた方がいいんじゃないか……というのが僕の考えです。

いかに犠牲者を少なくするか

　しかし、代替エネルギーにはまだ問題点が多いのは事実です。風力発電にしても太陽光発電にしても、気象に影響されるので、発電量が安定しません。メインの電力源として用いるのは不安があります。最も有望なのはバイオマス発電ではないかと思っていますが、これもまだまだ改良が必要な技術です。

　代替エネルギーの開発と並行して、省エネも進めなくてはなりません。『"環境問題のウソ"のウソ』でも書きましたが、現在の自動車では、車輪を駆動させるのに使用されるエネルギーは、タンク内のガソリンの10%程度だとされています。自動車を改良することにより、燃料消費量を大幅に下げられる可能性があるのです。当然、それだけCO_2排出量も減ります。

　家庭やオフィス、街中での省エネも必要です。たとえば、まだ使われている白熱電球や蛍光灯をLEDに変えるだけでも、かなりの電力の節約になります。

第8章　原発はこわい？　こわくない？

　今、日本中の信号機がどんどんLEDに代わっていっています。LED推進協議会の試算によると、車両用112万機、歩行者用87万機の信号機をすべてLEDに変えると、9億3487万kWhの電力の節約になり、CO_2排出量が35万3000トンも削減されるそうです。これは2500万本のスギを植えたのに匹敵します。

▶LED推進協議会／LEDの省エネとコスト比較
http://www.led.or.jp/led/led_cost.htm

　2012年度の日本の温室効果ガスの総排出量は、13億4300万トン（二酸化炭素換算）なので、35万3000トンというのはその4000分の1ぐらいです。それでも、信号機をLEDに変えただけでこれだけの省エネ効果があるのですから、日本中の照明をすべてLEDに変えたら、目に見えて効果が現われてくるかもしれません。
　社会の構造を急に変えるのは不可能です。原発からの脱却にしても、CO_2排出削減にしても、何年もかけて取り組まなくてならない問題です。性急な変化は混乱を招きます。
　とりあえず新たな原発の建設はやめ、寿命が近づいたものや、海岸線などの危険地帯に建つものを順番に廃炉にしてゆくべきでしょう。原発の減少による発電量の低下を、代替エネルギーの開発で補ってゆくのが理想的です。
　かと言って、遅すぎてもいけません。いつまでに？　はっきりとは言えません。「今世紀末まで」では遅すぎるのは確かです。その頃にはもう石油はほぼ枯渇しているでしょう。また、現在のCO_2の増加の速度からすると、今世紀の中ごろには、もう地球温暖化は止まらなくなっていると予想されます。その頃になって慌ててCO_2の排出削減に取り組んでも、もう手遅れなのです。

考えなくてはいけないのは、「いかに将来の犠牲者を少なくするか」です。原発事故の犠牲者だけではなく、電力不足による犠牲者、地球温暖化による犠牲者もです。

確率が計算できないということ

　とまあ、原発反対論を長々と述べてきたわけですが、こうした考えが絶対に正しいと主張するものではありません。
　これまでに述べてきた食品添加物や犯罪の問題と大きく異なるのは、あてになる統計が存在しないし、危険の確率を計算することができないという点です。
　「原発に勤める職員が信じられないほどバカなミスをやる確率」なんて計算できません。同様に、「原発がテロリストの標的になる確率」も、「高速増殖炉が重大な事故を起こす確率」も、計算のしようがありません。そうしたことが起きたらどれぐらいの被害が発生するのかも、その被害が他の選択肢を選んだ場合より大きいのか小さいのかも、はっきりとは言えません。地球温暖化の進行速度がどれぐらいなのか、それによってどれぐらいの被害が起きるのかも、正確には分かりません。
　ここに原発問題、環境問題の難しさがあります。正解を知っている人は誰もいないでしょう。あてにならないファクターが多すぎるのです。
　だから最終的には、自分の主観、感性で決めるしかありません。「確かなことは言えないけど、たぶんこっちの選択肢の方が正しいと思う」と。
　僕は反原発を主張しますが、だからといって原発推進派が間違

っていると決めつけたくもありません。彼らは彼らなりに、証拠はなくても、自分の感性に従っているんだろうな、と思うのです。「原発がまた大きな事故を起こす可能性は低い」とか「テロリストが原発を標的にするとは考えにくい」とか「核燃料サイクルは実用化するはずだ」と、理屈ではなく感性で信じているのでしょう。

　その考えが正しいかどうかは分かりません。まだ起きていないことに対して、確率を計算することは難しいからです。でも、間違っているという根拠もありません。結局、原発テロは起きないかもしれないし、核燃料サイクルは実現するかもしれないからです。

　だからあなたも、最終的には、自分の感性に従って判断してください。

　ただ、判断を下す前に、よく勉強してください。間違った知識は間違った判断の元です。「数ベクレルの放射性物質でも危険」という考えも、「原発はクリーンで絶対安全」という考えも、どちらも間違いです。

エピローグ
あなたが戦うべき「見えない敵」

「シューマイの皮がない」と青ざめる母

冷蔵庫を開けて青ざめた。シューマイの皮が、ない。

▶『AERA』2011年6月27日号（以下同じ）

東日本大震災から3ヶ月後、雑誌『AERA』に載った特集記事「見えない『敵』と戦う母」は、こんな文章で幕を開けます。

> 明日の給食の献立はシューマイ。だが千葉県に住むアユミさん（39）は小学1年の長女に入学当初から給食を食べさせていない。表向きはアレルギーを理由にしているが、実のところは食品の放射能汚染が心配だから。クラスで1人だけ弁当を広げる長女のために毎日、給食と同じメニューを作り続けている。
> 「私のせいでイジメにでも遭ったりしたら……」
> 車を走らせた。近所のスーパーは閉まっている。ドラッグストアにも売っておらず、30分かけて24時間営業のスーパーへ。帰り着いたときは午前1時半。それから具を練って下ごしらえをした。
> 穏やかだった生活を一変させたのは、福島第一原発の事故だった。

3月21日、雨にあたった長女のおでこに発疹のようなものができた。「もしかして放射能のせい？」。23日、東京の水道水から放射性物質が検出された。慌てて新幹線に乗り、縁もゆかりもない京都のウイークリーマンションに避難したが、入学式があるため1週間で戻らざるをえなかった。
　外食は一切やめ、野菜や納豆は関西から、卵は九州から取り寄せる。出費がかさむのでペットボトルの水は1日4リットルまでと決め、皿洗いにはウォーターサーバーの水を使う。
　（中略）
　もはや信じられるのは線量計だけ。それでも自己防衛できるものは限られている。小学校では弁当の持参を認めてもらえたが、問題は学童保育だ。外遊びもさせるし、おやつに福島県内で製造されたという乳酸菌飲料が出る。「飲まないで」長女に言うと泣き出してしまった。みんなが飲んでいるのに1人だけ飲料を持ち帰らせるのがしのびなくて、仕事を早めに切り上げておやつの前に迎えに行くようにした。
　だが雨の日、「鉄筋コンクリートの屋内で遊んでいるだろう」と迎えに行くと、窓が全開。5月末まで学童保育もやめた。

　僕がこの記事を読んで真っ先に思ったのは、「**こんな生活はかえって健康に悪いのでは？**」ということです。
　放射能を恐れる気持ちは分かります。しかし、シューマイの皮がないだけで「イジメにでも遭ったりしたら」などと不安になったり、わざわざ真夜中に車を走らせてシューマイの皮を買いに行

ったり、発疹を見て「放射能のせい？」などと疑ってしまうのは、あまりにも過剰反応ではないでしょうか。

こんな生活はかなりストレスがたまりそうです。

よく「ストレスで禿げる」と言われますが、これは本当です。ストレスの影響で交感神経が緊張し、血管が収縮して、頭部への血流が悪くなるため、毛根に栄養が届きにくくなり、毛が抜けると言われています。これが円形脱毛症の原因です。

他にもストレスが原因で起きる症状には、メニエル病、片頭痛、過敏性腸症候群、過換気症候群などがあります。

▶日本医師会
http://www.med.or.jp/forest/check/04.html

本当に子供のことを考えてる？

そもそも、アユミさんがこれほど努力して、いったい子供の蒙るリスクはどれぐらい減っているのでしょうか。

アユミさん一家が暮らしているのは、福島県ではなく千葉県です。もともと原発事故による放射線量はそんなに高くありません。子供が普通に給食を食べ、外で遊んでいても、原発事故がなかった場合に比べ、年間の被曝量は1ミリシーベルトも増えないだろうと予想されます。

年間に人間が浴びる自然放射線量は、日本の平均で1.4ミリシーベルト、世界の平均で2.4ミリシーベルトです。つまり日本人の被曝量が1ミリシーベルト増えても、世界平均に近づくだけです。

中にはもっと自然放射線量の高い地域もあります。たとえばア

メリカのコロラド州デンバーは、標高が高く、宇宙からの放射線の影響を受けやすいのと、近くにウランの鉱脈があるため、年間の被曝量は5ミリシーベルトに達します。そんな街でも約60万人が暮らしていますし、がんの発生率が高いという統計もありません。

ですから、アユミさんが子供に給食をやめさせ、外遊びをさせないようにしても、それによるリスクの減少は、目に見えないほど小さいものです。

『AERA』の記事はさらに続きます。

「気にしすぎだ。いい加減にしろ」
　と夫は言う。ケンカが絶えず、何度も離婚話になった。その夫が最近になって避難をすすめてくれた。やっとわかってくれた、と安堵したのもつかの間、よく聞いてみると何かが違う。
「1人だけ弁当だったり、マスクをかけたりして不憫な目に遭わせるくらいなら、遠くに行ったほうがいい」
　子どもの安全より、周りの目を気にしていたのだ。集団の中で「浮く」ことのつらさは痛いほどわかったうえで、それでも健康が心配だからやっていることなのに。
「家族にさえ半ばおかしいと思われて、私も浮いている。もう周りの人には何も言いません。娘のことは私が守らなくては」

　えっ？　ちょっと待ってください。「ケンカが絶えず、何度も離婚話になった」？

そのケンカは小学1年の子供も見ていたのでしょうか？　たとえ直接目にしていなかったとしても、両親の仲が悪くなって離婚寸前にまで発展するような状況は、子供をひどく不安にさせ、悲しませたはずです。
　僕も女の子の父親だけに、このお母さんの言い分にはひどく腹が立ちました。「娘のことは私が守らなくては」と言っていますが、本当に娘のことを考えているのでしょうか？　学校でつらい思いをさせたり、夫とケンカしたりすることが、子供の心をどれほど傷つけているか、気がついていないのでしょうか？
　「子供を守る」というのは、放射線から守ることだけを意味しません。子供をあらゆる悪影響から守ることです。その中には当然、心理的な影響も含まれます。
　目に見えないほど小さいリスクをさらに下げるためだけに、子供を泣かせたり、夫とケンカして離婚の危機にまで発展することが、子供にとって良いことだとは、とても思えません。僕にはむしろ、「1人だけ弁当だったり、マスクをかけたりして不憫な目に遭わせるくらいなら」という父親の言い分の方が、娘さんのことを思いやっているように思えます。

牛乳を飲ませないことによるリスク

　他にもこの『AERA』の記事には、同様の、心配しすぎなお母さんが何人も登場します。
　たとえば東京都大田区に住むサチコさんは、子供が通う保育園の園長に、給食の産地表示を求めて直談判し、モンスターペアレント扱いされているそうです。さらには夫に「(子供に) 牛乳を

やめさせたい」と持ちかけました。

「牛乳を飲ませなければ被曝量が50％に減るならいいけど、誤差の範囲内じゃない？」
　と渋る夫。たとえ0.1％でも減らしたいサチコさん。夫を説得するためにネット上で計算式を見つけ、暫定基準値の1キロあたり300ベクレルと仮定した牛乳を毎日150cc飲み続けた場合、年間被曝量上限の1ミリシーベルトの約30％になる、との結果を夫に突きつけた。

　1ミリシーベルトの30％（300マイクロシーベルト）！　そんなのこわがってたら、健康診断でレントゲンも撮れませんよ？
　しかも、暫定基準値ぎりぎりの牛乳を一年中飲み続けるという、明らかにありえない条件が前提です。実際の被曝量はさらにその数分の一、数十分の一でしょう。十分すぎるほど「誤差の範囲内」です。（現在では牛乳の放射性セシウムの基準値はさらに下がり、1kgあたり50ベクレルになっています）
　むしろ子供に牛乳を飲ませないことによる健康被害の方が心配です。
　世の中には「牛乳を飲むと骨粗鬆症になる」という珍説を流布している人もいますが、実際は逆です。牛乳をたくさん飲むと、カルシウムの摂取につながり、骨粗鬆症の予防になることが分かっています。

▶公益社団法人　日本栄養士会
http://www.dietitian.or.jp/consultation/e_01.html

▶公益法人　骨粗鬆症財団
http://www.jpof.or.jp/prevention/milk/

　つまりサチコさんは、子供に牛乳を飲ませないことで、がんになるリスクをわずかに下げている一方、骨粗鬆症になるリスクを高めているかもしれないのです。

子供がグレたらどうするの？

　福島に住むカオリさんの場合、原発事故の後、東京の実家に避難しました。しかし、子供を東京の学校に転校させようとしたら、中学2年の長男が猛反発しました。彼は学校でテニス部のキャプテンだったからです。

「がんになって死んでもいいから、福島に帰りたい。帰らないなら引きこもってグレてやる」

　僕はこの少年に同情します。実際、福島に帰っても、それが原因でがんになる可能性はきわめて小さいのですから、そんな理由で学校の友人たちから引き離すというのは理不尽な話です。
　子供が蒙るリスクを少しでも減らしたい？　その心理は分かります。でも、よく考えてみてください。
　世の中には平均よりも死亡率が高かったり、健康に害の出る可能性のある職業がいっぱいあります。格闘家、登山家、カーレーサー、スタントマン、宇宙飛行士、警官、消防士……そこまで極端でなくても、小説家だってあんまり健康的な職業ではありません（笑）。一日中、部屋にこもって、パソコンに向かい合ってい

るのですから。編集者やアニメーターは言わずもがなです。
　学校の部活だってそうです。テニスはそれほど危険ではないかもしれませんが、サッカーや野球や柔道で死亡事故が起きることは、しばしばあります。
　名古屋大学大学院教育発達科学研究科の内田良准教授の調査によると、1983年から2010年の間に、中学や高校の授業や部活動で、柔道の事故で死亡した生徒は114人もいるそうです。年平均4人。少ない数ではありますが、危険があるのは確かです。

▶学校管理下の柔道死亡事故　全事例
http://judojiko.net/apps/wp-content/uploads/2011/06/judo_fatal.pdf

　もし子供が「柔道をやりたい」と言ったら、カオリさんは「死亡率が高くなるからやめなさい」と止めるのでしょうか？　そんなことはないでしょう。カオリさんが心配しているのは、おそらく放射線の害だけのはずです。
　カオリさんが考えなくてはいけないのは、子供に福島でテニスを続けさせることのリスクと、子供が反抗してグレることのリスクを比較することです。前者のリスクはかなり小さいですが、後者はかなり確率が高いですし、その影響も大きいのではないでしょうか？

喫煙の危険と比較する

　もしこの少年が、グレてタバコを吸いはじめたらどうなるでしょう？
　これまでの研究によると、喫煙者は非喫煙者に比べ、男性で

4.4倍、女性で2.8倍、肺がんになる確率が高いことが分かっています。扁平上皮がんでは男性11.7倍、女性11.3倍、腺がんでは男性2.3倍、女性1.4倍です。

また、国立がん研究センター予防研究グループの調査によれば、未成年で喫煙を開始した喫煙者の方が、1日あたりの喫煙本数が多く、喫煙期間も長いという結果が出ています。

681人の肺がん患者を、喫煙開始時の年齢で分けてみると、17歳以下で喫煙を開始したグループは、20歳以降で喫煙を開始したグループに比べ、肺がんリスクが男性では1.48倍、女性では8.07倍も高いことが分かっています。

▶独立行政法人　国立がん研究センター　予防研究グループ
http://epi.ncc.go.jp/can_prev/evaluation/783.html
http://epi.ncc.go.jp/jphc/outcome/389.html

がんになる率ではなく死亡率で比較してみると、喫煙者ががんで死亡するリスクは、非喫煙者に比べ、男性で2.0倍、女性で1.6倍とされています。

▶がん情報サービス
http://ganjoho.jp/public/pre_scr/cause/smoking.html

第7章で、100ミリシーベルト以下の被曝による影響は小さすぎてよく分からない、という話をしました。

一般に100ミリシーベルト被曝すると、がんで死ぬ確率が約0.5％増えるとされています。日常生活で、被曝量が数ミリシーベルト増えても、がんによる死亡率の増加は0.00何％という数字でしょう。

すなわち、喫煙によってがんになり、死亡するリスクは、数ミ

リシーベルトの被曝とは比較にならないほど大きなものなのです。カオリさんが本当に子供の健康を考え、がんになるリスクを減らしたいなら、何よりもまずタバコを吸わせないように気をつけるべきです。

　もちろん、7章で述べたように、過度の飲酒や塩分の過剰摂取、野菜不足などもがんの原因になります。つまり規則正しい生活、栄養のバランスに配慮した食事も重要なのです。

　子供がグレてしまったら、食生活も乱れると予想されます。酒を飲み、塩分の多いスナック菓子などを食べ、野菜を摂らなくなるかもしれません。カオリさんが懸命に放射線の被曝量を減らそうとしても、まったく意味がないことになります。

知らないことが降って湧いた

　なぜ人は放射線によるリスクを、他のリスクよりずっと大きく見積もるのでしょう？

　2章や3章でも述べたように、人は目新しいもの、よく知らないもの、奇妙な名前のものを、なじみ深いものより危険視する傾向があります。毎年、餅によって多くの死者が出ていても、それより死亡率の低いこんにゃく入りカップゼリーを恐れます。火で焼いた肉や魚や、水や塩は恐れませんが、「ベンゾピレン」「ジハイドロジェンモノキサイド」「ソディウムクロライド」と聞くと危険に感じます。

　放射線も同じです。僕の場合、ＳＦを書いている関係で、以前から核や放射線に関する本を何冊も読んでいて、「ベクレル」とか「シーベルト」といった言葉を知っていました。しかし、おそ

らくほとんどの日本人は、福島第一原発の事故が起きるまで、そんな言葉は聞いたことがなかったに違いありません。それがいきなり降って湧いた。そのため、数十ベクレル程度のセシウムや、数ミリシーベルト程度の被曝の危険性を、飲酒や喫煙よりも重大なものと思いこんでしまったのです。

こうした傾向は日本人だけのものではありません。心理学者でサイエンス・ライターのテレンス・ハインズは、その著書『ハインズ博士再び「超科学」をきる』(化学同人)の中で、1989年に自分の目撃した事例を披露しています。

> (前略)エイラー(Alar)はリンゴの色をよくし、保存をきかせるために使われた化学物質であるが、人間に対して発がん性があると非難された。実際はそうではなかったが、騒ぎがおさまるまでに一年ほどかかった。この論争のさなか、私は小さな果物店で買い物をした時のことを覚えている。一人の女性客が別の客と大きな声で話をしていて、エイラーは大変に危険であるが、この店の果物はエイラーのような危険で、不自然で、発がん性のある化学物質で汚染されていないからよかった、というようなことを言っていた。その間ずっと彼女はスパスパと煙草を吸っていたのだ！

▶『ハインズ博士再び「超科学」をきる』314-315ページ

おそらく日本でも、「放射線はこわい」と言いながら、タバコを吸ったり酒を飲んだり、塩分の多い食事をしている人は多いんじゃないかという気がします。

喫煙してもいい場合——妻の選択

とは言っても、僕は頑固な嫌煙論者ではありません。自分では吸いませんが、他の人がタバコを吸うのをやめさせようとは思いません。

たとえば、僕の妻はタバコを吸います。

その場所はいつも決まっています。台所の換気扇の下です。換気扇を回し、タバコの煙を僕や娘の美月に吸わせないようにしているのです。

妊娠中は胎児に喫煙の影響が出ないよう、きっぱり禁煙していました。

小説『去年はいい年になるだろう』(PHP研究所)の中でも書きましたが、妻は持病がいくつもあり、いつも何らかの痛みに悩まされています。頭痛、腰痛、胃痛、神経痛。毎月の生理痛もひどいものです。内科、婦人科、形成外科などに通い、毎日のように何かの薬を飲んでいます。

その痛みのせいで、いらいらすることが多いらしいのですが、タバコを吸うと痛みがやわらぎ、落ち着くのだそうです。

「タバコを吸わへんかったら、あんたや美月に当たり散らしてしまうかもしれへん」

と妻は言います。

つまり彼女は、がんになるリスクと、痛みに苦しみ僕や娘に当たり散らして家庭の不和を招くリスクを天秤にかけて、前者を選択しているのです。

これは筋の通った選択だと思うので、僕は妻の喫煙を許してい

ます。もし、「そんな痛みなんか我慢しろ」とか「タバコには害があるんだ、吸うな」と強硬に主張して、喫煙を無理にやめさせたらどうなるでしょうか？　妻ががんになるリスクは減らせるかもしれませんが、夫婦仲が悪くなり、家庭が崩壊するかもしれません。僕にとっても妻にとっても、その方がずっと大きなリスクです。

「リスクを減らす」というのは、目の前にあるリスクだけを減らすことではないのです。総合的に、あらゆるリスクを減らすことを意味します。
　二つの矛盾する選択肢があるなら、リスクをより大きく減らせる方を選ぶべきです。

あとがき
リスクに対する正しい感覚を持とう

　ウェンディー・ノースカット『ダーウィン賞！』(講談社)という本があります。世界各地で、いろいろなマヌケな死に方をした人の事例を集めた本です。
　真夜中にシーワールドのシャチのプールに忍びこみ、シャチといっしょに泳ごうとした自然愛好家。サファリパークに観光に来て、警告の標識を無視してトラの洞窟の近くで車から降り、なぜかドアをロックした旅行者カップル。天体観測のじゃまになる街灯に腹を立て、4000ボルトの電源コードをのこぎりで切断しようとした男。友人の飼っていたコブラに噛まれたのに、「俺は人間だ、自分でなんとかする」と言って病院に行かなかった男。酔ってふざけ、アパートの12階のダストシュートに飛びこんだ男。田舎道を猛スピードで走る車の中でセックスしていたカップル。「人間は水と空気だけで生きられる」と唱えるカルト宗教を信じ、実践しようとした女性……。
　これを読むと分かるのは、世の中には危険に対して鈍感な人がいるということです。「そんなことをしたら死ぬに決まってる」と思えることをやってしまうのです。
　日本でもこうした事件は起きています。
　この文章を書いているのは2015年の正月ですが、僕が住んでいる大阪で、信じられないほど愚かな事件がありました。2014年の大晦日の深夜、大阪・ミナミに若者を中心に約6000人が集まり、年越しのカウントダウンで騒いでいたのですが、12時になって日

付が変わったとたん、その中の約60人が道頓堀川に飛びこんだのです。そのうちの1人、韓国から観光に来ていた18歳の男性が死亡しています。

　寒中水泳というものはありますが、あれはちゃんと準備体操をして、事故が起こらないように注意して行なうものです。冬の道頓堀川は冷たかったでしょうし、水深が深く、そのうえ両岸はコンクリートの壁で、這い上がるのは困難です。おそらく飛びこんだ人は酒も飲んでいたでしょう。それはもう、死人が出るのは当たり前です。

　日常生活でも、こうした「危険に対する恐怖が麻痺している人」をちょくちょく見かけます。

　数年前、道を歩いていて、路地から車道に猛スピードで飛び出してきた自転車が、危うく車にはねられそうになるのを目撃しました。乗っていたのは中学生ぐらいの少年でした。車道に車が走っている可能性があることに気がつかなかったのでしょうか？

　赤信号で停車中の車のドライバーが、スマホで何かを見ている場面は、二度目撃しました。どちらの場合も、青信号で車が動き出したのに、ドライバーは画面が気になるのか、ハンドルの上にスマホを持ったままでした。

　もちろん、学校でも自動車教習所でも、飛び出しや脇見運転の危険は教えているのでしょうが、「そんなことをしていたら死ぬかもしれない」という感覚が欠如している人には、そうした警告が届かないのかもしれません。

　危険性の少ないものを過剰に恐れるのは間違いですが、明らかに危険なことを恐れないのも間違いです。

　自分の人生を終わらせないために、そして誰かを不幸にしない

ために、正しい科学知識を身につけ、危険の大きさに見合った恐怖心を持ちたいものです。

著者紹介

山本 弘（やまもと・ひろし）

SF作家。1956年京都府生まれ。著書に『神は沈黙せず』『アイの物語』『詩羽のいる街』（角川書店）、『MM9』『翼を持つ少女　BISビブリオバトル部』（東京創元社）など多数。『去年はいい年になるだろう』（PHP）で第42回星雲賞（日本長編部門）を受賞。小説家として精力的に活動する一方で、『"環境問題のウソ"のウソ』『ニセ科学を10倍楽しむ本』（楽工社）などノンフィクション作品も執筆。

14歳からのリスク学

2015年2月26日　第1刷

著　者　　山本　弘

発行所　　株式会社楽工社
　　　　　〒160-0023　東京都新宿区西新宿 7-22-39-401
　　　　　電話 03-5338-6331
　　　　　www.rakkousha.co.jp

印刷・製本　大日本印刷株式会社

ＤＴＰ　　株式会社ユニオンワークス

イラスト　ヤギワタル

装　幀　　加藤愛子（オフィスキントン）

ISBN978-4-903063-71-3

本書の一部あるいは全部を無断で複写複製することは、
法律で認められた場合を除き、著作権の侵害となります。

好評既刊

ニセ科学を10倍楽しむ本

山本弘 著

定価（本体1900円＋税）

「脳トレ」「地震雲」「血液型性格判断」……
科学っぽいデマの、どこが間違っているかを、
楽しみながら学んじゃおう！
小説仕立て＋ルビ付で、大人も子供も楽しく読める。

まえがき──ニセ科学を楽しく学ぼう
第1章 水は字が読める？
第2章 ゲームをやりすぎると「ゲーム脳」になる？
第3章 有害食品、買ってはいけない？
第4章 血液型で性格がわかる？
第5章 動物や雲が地震を予知する？
第6章 2012年、地球は滅亡する？
第7章 アポロは月に行っていない？
第8章 こんなにあるぞ、ニセ科学
エピローグ 疑う心を大切に
ニセ科学ガイド　〜あとがきに代えて〜

好評既刊

料理の科学①・②
素朴な疑問に答えます

ピッツバーグ大学名誉化学教授 ロバート・ウォルク 著

定価（本体各1600円＋税）

「パスタをゆでるとき、塩はいつ入れるのが正解？」「赤い肉と紫の肉、どちらが新鮮？」——料理に関する素朴な疑問に科学者が楽しく回答。「料理のサイエンス」定番入門書。

[①巻]
第1章 甘いものの話
第2章 塩——生命を支える結晶
第3章 脂肪——この厄介にして美味なるもの
第4章 キッチンの化学
第5章 肉と魚介

[②巻]
第6章 熱いもの、冷たいもの——火と氷
第7章 液体——コーヒー・茶、炭酸、アルコール
第8章 電子レンジの謎
第9章 キッチンを彩る道具とテクノロジー

好評既刊

自分と家族を守る
防災ハンドブック

工学博士 アーサー・ブラッドレー 著

定価（本体2500円＋税）

地震、洪水、放射能漏れ、感染症、テロ……
あらゆる災害にこれ1冊で対応！
NASAの工学博士が書いた米国ベストセラー防災書。
一家に一冊！

第1章	生き残るためには	第8章	空気	第15章	子供・妊婦・高齢者・
第2章	食料	第9章	睡眠		身体障碍者・ペットのケア
第3章	水	第10章	医療／応急手当	第16章	防災ネットワークをつくる
第4章	シェルター	第11章	通信	第17章	防災訓練のすすめ
第5章	照明	第12章	お金の備え	参考文献／巻末資料	
第6章	電力	第13章	移動手段		
第7章	冷暖房	第14章	護身術		